피부미용 전문인을 위한

현장실무 피부미용

김희진 · 정은주 · 이성옥 · 윤임실

청구문화사

머리말

1991년 우리나라에 처음으로 피부미용과가 개설되면서 피부미용학은 다양한 분야의 학문과 연계성을 지닌 실용학문으로 자리매김하며 급속도로 발전에 발전을 거듭해왔습니다. 동시에 전공의 세분화 및 다원화가 이루어지면서 각 전공분야마다 이론과 실기를 병행한 현장 중심 심화교육의 필요성이 대두되고 있으나 실무교육에 충실한 교재의 개발은 부족한 실정입니다. 뿐만 아니라 2008년부터 피부미용사를 위한 국가자격시험이 시행되면서 산업체 현장의 변화와 피부미용산업의 발전도 함께 가져올 수 있게 되었으며 이에 따른 실기부문의 체계적인 교육과 전문서적의 필요성도 절실히 요구되고 있습니다.

이러한 필요성에 따라, 실제 피부미용현장에서 응용할 수 있는 실무중심의 이론교육과 실기교육을 동시에 충족시키기 위한 교재를 출간하게 되었습니다.

이 교재는 실제 피부미용 현장에서 응용할 수 있는 실무 중심의 이론과 실기를 함께 공부할 수 있도록 하기 위해, 현장실무 피부미용의 개요, 피부관리실무, 고객상담 및 피부분석, 피부유형별 특징 및 관리, 부분관리, 부록 순으로 구성되어 되어 있습니다. 그리고 각 Chapter 별로 과정을 실습한 후에는 보고서를 작성 하도록 하여 학생들에게 정리와 반복학습의 탐구가 가능하도록 하였으며 현장실무에 바로 적응할 수 있도록 고객이 문을 열고 들어오는 순간부터 응대하는 매너 등을 순서대로 구체적으로 기술하였습니다. 부록에는 국가자격 시험의 정보를 실어 재학 시 자격증취득에 도움을 주고자 하였으며 산업체에 도움을 얻어 사용하는 고객카드 양식 등을 수록하였습니다.

오랫동안 대학에서 강의해오던 저자들의 강의경험을 바탕으로 교재와 노트를 다시 재정리 하였으며 빠르게 변화되는 산업현장의 트랜드를 수록하기위해 현장 전문가의 고견을 경청하여 보완하였습니다. 최선을 다 하였으나 원고정리를 끝내고 나니 부족하고 아쉬운 부분이 많습니다. 이러한 점들은 향후 지속적이고 적극적으로 수정, 보완해나가도록 노력할 것을 다짐드리며, 여러분들의 각별하신 관심과 사랑을 바라마지 않습니다.

부디 이 작은 한권의 책이 피부미용을 공부하는 학생들에게 활용가치가 있는 좋은 지침서가 되기를 바라며 참고 하시는 모든 분들에게도 도움이 되었으면 하는 바램을 가져봅니다.

끝으로 이 책을 집필하는데 귀한 시간과 도움을 함께 주신 제라드 코리아의 공태곤 대표님과 전문제품 정보를 주신 화장품 회사 관계자 분들께 감사드리며 부족한 원고의 출판을 도와주시며 격려와 배려를 아끼지 않으신 청구문화사 이상태 사장님을 비롯한 임직원 여러분께 깊은 감사를 드립니다.

2014년 3월
저자 일동

Contents

chapter

1

현장실무 피부미용의 개요

1. 현장실무 피부미용의 의의

Chapter 1

현장실무 피부미용의 개요

1. 현장실무 피부미용의 의의

사회가 다변화되고 생활수준이 향상되면서 신체적인 건강과 함께 외적인 아름다움에 대한 기대 욕구가 높아지고 피부미용에 대한 관심도 증가하고 있다.

에스테틱에 관련된 산업이 발달하고 우리나라도 90년대 초부터 에스테틱 산업이 현대 산업 사회의 한 영역으로써 확고한 영역을 차지하고 있으며, 에스테틱의 대상 또한 소수 부유한 계층뿐만 아니라 연령, 성별과 관계없이 모든 사람에게 관심의 대상이 되고 있다. 이러한 사회적인 추세를 배경으로 피부관리학이라는 학문이 자리를 잡게 되었다.

현대인들은 물질적인 풍요가 만연한 삶 속에서 각자 개성적이며 다양한 라이프 스타일을 만들어 가고 있다. 이러한 현실 속에서 그들은 다양한 소비계층을 형성하고 있으며 건강과 미에 대한 향상과 미적 욕구는 더욱 더 전문화 고급화, 차별화되어 가고 있다. 이러한 시대적 변화에 발맞추어 국내 피부미용이 도입되기 시작한 것은 1981년 이후의 짧은 역사를 가지고 있지만 시대적 필요성이 인식되면서 많은 관심과 성장을 가져온 분야이다.

에스테틱 분야의 핵심은 피부관리이다. 피부관리란 피부가 지닌 모든 기능을 가능한 완전하게 유지시켜 주는 과정이며, 피부관리학은 건강관리와 피부과학, 예방의학과의 절충된 형태의 학문으로, 피부 및 피부관리와 관련된 문제를 다루는 영역의 학문이다.

피부는 건강을 유지하기 위한 생리기능을 가지고 있으나 연령, 계절, 환경, 생활 조건 등에 의해 변화된다. 이러한 내 · 외적 요인으로 인한 미용상의 문제를 예방하고 아름답고 건강한 피부를 유지하기 위하여 손을 이용하거나 화장품, 미용기기, 운동요법 및 식이요법 등을 통해 전신의 피부를 관리하는 것이 피부미용이라 할 수 있다. 시대의 발전과 함께 피부관리의 필요성이 점점 커지고 있으며 사회적 관심도 역시 높아지고 있다.

이상의 것을 정리해 보면 피부미용에 있어 언제나 육체적인 것과 정신적인 요소를 분리시켜 생각할 수 없다는 것을 알게 된다.

앞으로의 피부관리는 전인적 미용(holistic beauty care)으로 향하는 경향이다. 이러한 상관성으로 보면 피부건강관리는 전인적 치유(holistic healing) 개념의 신체적, 정서적, 정신적 건강을 폭넓게 다루는 피부와 전신관리를 위한 건강실천 행위 과정의 새로운 모델로 제시될 수도 있다고 본다.

그러므로 피부미용의 방법을 가치인식의 길뿐만 아니라 관리 후의 조화된 자신의 가치 및 자신감을 경험할 수 있게 하는 느낌과 소망으로 인식하고 있다.

현장실무 피부미용에서 다루는 트리트먼트는 전문 피부관리실에서 행해지는 과정이며, 피부미용사의 피부에 관한 올바른 지식과 전문적인 트리트먼트에 의해서 여러 가지 피부 문제를 바로잡고 건강하게 유지될 수 있도록 관리하는 살롱 트리트먼트를 말한다. 또한 피부미용사들의 현장에서 접목하고 있는 일반 피부관리 프로그램과 문제성 피부를 대상으로 한 특수 피부관리 프로그램을 피부관리적 접근방법과 더불어 각각 연계시켜 상담을 통하여 피부 유형과 상태를 정확히 파악하고, 그에 적절한 피부관리 방법을 계획하고 합리적으로 실행하는 것이다. 또한 심리적인 안정감을 유도하여 내 · 외적인 미용효과를 높이고자 하는 것이다.

chapter

2

피부관리 실무

1. 피부관리실 환경조성
2. 피부관리실의 인적 환경조성
3. 고객응대 및 관리에 따른 대처법
4. 피부미용사의 매너
5. 관리전 준비사항
6. 피부관리실 물품의 위생관리
7. 피부관리실의 기구별 소독
8. 불만고객응대

Chapter 2

피부관리 실무

1. 피부관리실 환경조성

스트레스가 많은 현대인들은 미적인 관리뿐만 아니라 심리적 편안함과 휴식을 얻고자 피부관리실을 방문한다. 그러므로 피부관리에서 요구되는 것은 기술, 화장품 등의 외적 요인만이 아니라 고객의 심리적 안정감을 유도할 수 있는 환경적인 요인도 중요하다. 피부관리실의 전체적인 이미지는 특정 고객을 위한 것이기보다는 과도한 스트레스에 시달리는 현대인들의 휴식처 역할을 하여야 한다.

인간에게는 마음과 다섯가지 감각인 오감이 존재한다. 눈으로 보는 시각, 귀로 듣는 청각, 코로 맡는 후각, 입으로 맛을 보는 미각, 피부로 느끼는 촉각이다. 오감은 정신과 육체를 다스리고, 심리적으로도 영향을 미쳐 한 개인의 정서적 기질을 만들기도 한다. 피부관리실 환경 조성시 오감요법의 특성을 잘 적용시킨다면 고객의 심신 이완 및 피부관리의 상승효과를 갖게 될 것이다.

1) 오감만족

(1) 시각 효과

피부관리실의 실내 인테리어는 고객의 시각을 자극하는 요소가 된다. 피부관리실의 전체 이미지는 그 관리실을 찾는 주 고객들의 연령, 취향, 직업 등을 고려하여 디자인, 색채, 소품, 그림, 꽃과 식물 등을 결정한다. 인테리어는 고객의 편리성과 피부미용사의 업무 효율성을 고려해야 하며, 전체적으로 통일된 느낌을 주는 것이 좋다. 그러나 대부분 피부관리실의 이미지는 청결함, 단아함, 편안함을 추구한다.

(2) 청각 효과

음악의 리듬은 긴장과 이완을 반복하면서 기분을 전환시켜주고 생체리듬에 직 · 간접적으로 영향을 미치게 된다. 음악은 심리적 편안함을 주기 위한 좋은 환경의 조건이라 생각된다.

음악의 선택은 다수가 공감하고 편안함을 줄 수 있는 것을 선정하지만, 고객이 특별히 좋아하는 음악을 알아두고 미리 준비해 두는 것도 좋은 방법일 것이다.

(3) 미각 효과

피부관리실에서는 고객과의 상담시 친근감과 편안함을 주기 위해 차를 마시면서 대화를 나누게 된다. 차의 종류는 계절과 고객의 취향에 따라 선택하지만 관리실에서 접대용으로 사용할 차의 재료는 주변에서 쉽게 구할 수 있고 만드는 방법이 간단한 것이 좋다.

주로 맛과 향의 효과를 얻을 수 있는 녹차, 허브차를 이용하지만 피부관리실만의 독특한 건강차를 제공하는 것도 좋은 방법이다.

(4) 후각 효과

에센셜 오일을 아로마 램프 또는 향 분사기를 이용하여 확산시키는 방법으로 고객의 후각 기능을 자극시켜 준다.

너무 강하지 않는 향으로 선택하며 녹색의 싱그러운 풀잎향과 숲 속에서 불어오는 부드럽고 상쾌한 바람의 향기를 느끼게 하는 그린 계열 향이 우리에게 친근감을 줄 수 있는 보편적인 향이다.

① 피부관리실(신경안정)

안젤리카 루트, 베르가못, 유향, 라벤더, 만다린, 스위트 마조람, 멜리사, 네롤리, 스위트 오렌지, 페티그레인, 로즈, 샌달우드, 버티버, 일랑일랑, 카모마일

② 비만관리실(항비만)

로즈마리, 사이프러스, 쥬니퍼 벨리, 그레이프 푸르트, 블랙페퍼, 레몬, 유칼립투스, 진저, 레몬그라스, 네롤리, 패출리, 캠퍼, 시네올

(5) 촉각 효과

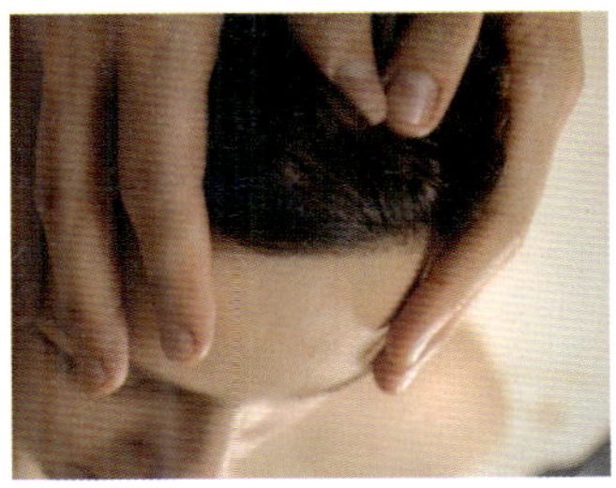

고객이 접하는 모든 것이 편안함과 안정감을 주어야 한다.

2) 피부관리실

① 정성과 배려 깊은 고객 상담과 서비스
② 정확한 피부 분석과 관리 프로그램 실행 능력
③ 정확한 홈케어 조언
④ 피부관리 상승효과 기술(프로그램, 테크닉, 화장품, 기기 등)
⑤ 프로그램별 정확한 요금 체계, 매뉴얼 제시
⑥ 면허증 및 자격증을 걸어 두어 고객들에게 신뢰감 부여
⑦ 편안한 휴식 공간과 설비
⑧ 심리적 안정감과 편안한 휴식 공간이 되도록 부드럽고 밝은 색을 사용
⑨ 바닥재는 청소와 소독이 용이 하고, 물기가 있을 때 미끄럽지 않아야 함
⑩ 관리실 내부 소음 흡수가 잘 되어야 하며, 방음 시설을 갖추면 효과적
⑪ 냉 · 난방 시설과 환기 시설 등 쾌적하고 위생적이고 청결한 실내 환경 구축

2. 피부관리실의 인적 환경조성

1) 피부미용사 정의와 업무 범위

피부미용업무는 공중위생분야에 속하는 국민의 건강과 직결되어 있는 중요한 분야로써, 국가의 산업구조가 제조업에서 서비스업 중심으로 전환되는 차원에서 주요가 증대되고 있다. 특히, 헤어미용, 피부미용, 메이크업 등 분야별로 세분화 및 전문화되고 있는 미용의 세계적인 추세에 맞추어 피부미용 자격을 제도화하여 전문인력을 양성함으로써 국민의 보건과 건강을 보호하기 위함으로 피부관리학, 피부학, 해부생리학, 피부미용기기학, 화장품학, 공중위생관리학의 과목에 대한 지식을 습득해야 한다.

미용사(피부)의 업무는 미용사(일반)의 업무와 달라서, 의료기기나 의약품을 사용하지 아니하는 피부상황 분석, 피부관리, 제모, 눈썹손질이다. 점빼기, 문신, 박피술 등의 의료행위는 피부관리사의 범위가 아니므로 절대 실시해서는 안된다.

2) 피부미용의 직무 능력

(1) 의사소통

① 고객 상담을 위해 기본적인 의사소통과 비언어적인 표현 능력을 갖춘다.

② 고객과 의사소통할 때에 주의해야 할 사항은 다음과 같다.

- 낮춤말, 저속한 말, 유행어를 사용하지 않는다.
- 대화하는 중에 논쟁을 야기할 수 있는 가능성이 있는 주제는 피한다.
  예로 정치적 의향, 개인적 생활, 종교적 견해 차이, 구설, 재정 상태 등의 대화는 피한다.
- 고객에 대해 비난, 불평, 불만을 표시하거나 화를 내지 않는다.

(2) 문제해결

상담 및 진단, 결과에 따라 분석된 고객의 상태에 적합한 피부관리 방법의 적용과 홈케어를 조언 할 수 있는 능력이 필요하다.

(3) 자기 관리 및 개발

피부미용에 대한 최근 지식과 새로운 기법의 습득을 위하여 노력하며 피부관리분야의 전문가로서 자존감을 가진다.

(4) 자원 활용

인사 및 고객 관리와 관련되는 인적 · 물적 자원을 확인, 정리하여 피부관리 업무의 기획과 관리에 적용할 능력을 갖춘다.

(5) 대인 관계

피부미용사 상호간의 협동심과 인사관리를 위한 리더십 등의 관리능력, 고객과의 상담, 기획 · 관리 업무의 수행을 위한 고객 서비스 제공 능력을 갖춘다.

(6) 정보

피부미용 관련 정보의 수집, 프로그램의 개발, 인사 및 고객 관리, 홍보활동을 위해 전문적인 정보 수집과 소유하고 있는 다양한 정보를 분석하여 조직화하고, 컴퓨터과 홍보물을 등을 활용하여 저장 및 관리하는 능력이 필요하다.

(7) 사생활 보호

고객의 사생활을 존중하여 주고 비밀을 준수한다.

3) 피부미용사의 자질

- 고객을 따뜻한 마음과 사랑으로 대하는 친절한 자세
- 화장품의 종류와 성분에 대한 사용목적, 방법, 효과에 대한 해박한 지식
- 숙련된 응용 능력 및 제품 사용과 효율적인 메뉴얼 테크닉
- 창의적인 재능과 기본적인 판매 능력
- 자연스럽고 부드럽게 웃으며 전문가로서의 안정감과 자신감을 갖고 고객을 응대
- 성공적인 관리를 위한 대화능력
- 고객의 말은 공손하게 경청하고 고객의 분위기에 맞는 대화를 선택
- 적절한 유머 감각과 유쾌한 음색으로 대화
- 고객의 이름을 기억하고 존칭을 사용

4) 외모 및 복장 상태

- 진하지 않은 내추럴한 화장을 하고 요란한 장신구, 향수는 피함
- 머리카락의 청결을 유지하고, 관리 중에는 피부관리사가 자기 얼굴이나 머리카락 등을 만지지 않으며 흘러내리지 않도록 단정하게 묶음
- 에나멜은 바르지 않고 손톱을 짧게 깍고 손의 위생과 상처를 점검
- 가운은 얼룩과 주름이 없는 청결한 상태를 유지하며 깨끗한 실내화를 착용
- 입 냄새와 체취에 주의하고, 마스크를 착용

3. 고객 응대 및 관리에 따른 대처법

피부관리실 입구	고객이 방문하면 모두 일어나서 반갑게 인사하고 고객의 이름을 확인한 뒤 상담실로 안내

↓

상담실	고객에게 체질이나 기호에 적합한 차를 준비하며, 관리 전 심리적 안정을 유도하기 위해 잠시 휴식을 갖고 날씨, 의상, 메이크업 등으로 대화를 시작 – 첫방문 고객일 경우는 고객의 방문 목적과 필요 사항을 확인하고 피부가 가진 문제점을 문진과 촉진, 견진 등으로 파악하고 고객차트를 작성 – 재방문 고객일 경우는 고객차트를 이용하여 고객이 가진 문제점과 요구사항을 미리 파악하고 이전관리 방법 및 문제점, 해결책 등을 살핀 다음, 앞으로 진행할 관리 순서 및 주의사항을 숙지 – 분실위험이 있는 귀금속류는 미리 맡기도록 언질하고, 고객의 물품은 정성스럽게 보관하고 물품보관시 번호가 적힌 열쇠는 고객이 보관 – 관리시 소요되는 시간을 대략적으로 제시

↓

탈의실	탈의실 입구까지 안내하고 관리에 적합한 가운으로 갈아입게 한 후 관리실로 안내

↓

관리실	– 1회용 타월, 터번, 이불 등을 미리 준비하고 관리에 적합한 온도를 셋팅하여 탈의한 고객이 온도차이를 느끼지 않도록 세심한 주의 – 탈의실에서 나온 고객이 관리실로 들어오면 사용할 베드를 손바닥을 위로 향해 가리키며 안내한다. 겉가운 등을 받아서 보관하고 실내화는 관리에 방해되지 않도록 정리 – 고객이 베드에 눕는 것을 돕고 이불을 정리한 뒤 고객이 보이는 옆에서 "○○관리를 시작하겠습니다. 편안한 시간되십시요"라고 인사 후 관리 시작 – 고객의 취향에 맞거나 긴장완화, 스트레스 해소에 도움이 되는 아로마향 등을 이용 – 고객에게 적합한 관리를 시행하면서 관리순서를 그때그때 알려줌으로써 앞으로 받을 관리에 대한 정보를 제공한다(예, 관리순서 언급, 관리시 사용하는 화장품, 타월의 온도, 관리시 탈의 정도 등). 이때, 고객의 추가 희망사항이 있는지 확인

관리실	- 모든 관리가 끝난 후 잠시 휴식기를 가진 뒤 베드에서 일어나도록 한다. (예) 임신, 빈혈, 저혈압 등이 있는 고객을 위한 배려 단, 샤워시에는 욕실까지 배웅하고 사용할 타월의 유무를 확인

↓

탈의실	베드에서 일어나 겉가운을 착용한 후 탈의실로 안내하여 헤어와 복장을 갖추도록 하고 보관한 귀금속류의 이상 유무를 다시 한 번 확인 후에 돌려주며 "보관품은 ○이지요?"라고 확인하고, "이상없으시죠?"라고 체크

↓

응접실	- 고객 응대실로 안내하여 일상생활로의 원활한 흐름을 유지하기 위해 잠깐의 휴식과 따뜻한 차를 접대하여 인체 노폐물 배설을 촉진 - 관리시 불편사항과 주의사항을 확인하고 다음 관리일을 예약

↓

출구	고객이 모든 관리를 끝내고 돌아갈때는 신발과 출입문을 미리 열어두고 엘리베이터를 이용할 경우 미리 열림 버튼을 누른채 기다린 뒤, 탑승하면 "감사합니다. 다음 방문까지 기다리겠습니다."라고 인사하고 문이 닫힐 때까지 기다림

↓

후관리	고객이 관리받은 다음날 고객차트를 보며 전화를 하여 관리 후의 불편함이나 트러블 등의 문제 유무를 확인하고 다음 예약일을 다시 한 번 알림

4. 피부미용사의 매너

1) 인사

인사는 상대방에 대한 최소한의 예의이며 호의와 존경을 나타나는 방법이다. 여자는 왼손 위에 오른손을 포개고, 남자는 오른손 위에 왼손을 포갠 상태에서 허리를 1초 이상 숙여 인사를 한다.

- 밝고 기분 좋은 미소
- 고개는 상향을 향한 상태에서 상대방의 눈 사이를 봄
- 양손을 겹쳐 배꼽 아랫부분에 둠
- 발은 20~30°로 벌리고 발꿈치는 붙임
- 인사 후 고개는 천천히 듬

♣ **고객을 복도에서 만났을 때** : 고객을 향해 한쪽으로 비켜선 후 가볍게 고개를 숙이고, 고객이 지나간 뒤에 움직인다.

2) 명함

웃는 얼굴로 일어나서 주고받는 것이 기본적 예의이다. 명함을 아랫사람이 먼저 건네주면서 이름을 말한다. 또한 다른 사람에게 소개를 할 경우에는 먼저 소개받은 사람부터 전달하고 다수가 있을 경우, 대표자가 명함을 주고, 명함 교환 시에는 지위가 높은 사람순으로 전달한다.

① 명함을 건넬 때

관리실 상호와 본인의 이름을 말하고 인사하면서 명함을 전한다. 명함은 오른손에 왼손을 받쳐 고객이 읽기 쉬운 방향으로 향해 가슴 위치에서 건넨다.

② 명함을 받을 때

상체를 약간 숙이고 명함 아랫부분의 여백을 손으로 잡는다. 받은 후 고객의 회사와 이름을 확인한다. 혹, 어려운 한자어가 있을 경우 "죄송합니다. 어떻게 됩니까?"하고 묻는 것은 예의에 어긋나지 않는다.

3) 전화

전화는 직접 얼굴을 보지 않은 상태에서 행해지므로 오해와 실수가 발생하기 쉬우며, 관리실 전체의 분위기와 이미지를 결정하므로 전화를 받기 전 중요성을 인지해야 한다.

① 목소리

밝은 '솔' 톤의 정확한 발음으로 간단 명료하며 정중한 표현으로 통화한다.

② 전화 받을 때

입에서 살짝 떨어진 상태에서 인사말과 함께 피부관리실 명, 본인 이름을 말한다.
"감사합니다. ☆에스테틱, ○○입니다." 라고 먼저 말한다.

③ 전화 목적은 간단하고 정확하게 메모

육하 원칙을 기준으로 메모를 하되, 명료하지 않는 내용이나 숫자는 다시금 확인하여 기록한다.

④ 전화통화 중 끊어질 때

먼저 건 쪽에서 다시 통화를 하는 것이 기본이나, 고객이나 윗사람일 경우 관리실이나 아랫사람이 다시 전화를 하도록 한다.

⑤ 전화를 다른 사람에게 연결시킬 경우

혹시나 끊어질 때를 대비하여 전화를 건넬 사람을 말한 후 연결한다.
"네, 고객님, ○○를 바꾸어 드리겠습니다. 잠시만 기다려주십시오."

⑥ 전화를 끊을 때

마무리 인사를 하고 상대방에게 본인의 소속과 이름을 다시 한 번 말하고 상대방에 끊은 후에 수화기를 내려놓는다.
"네, 좋은 하루되세요. 지금까지 ☆에스테틱, ○○였습니다."

⑦ **전화를 연결을 못할 때**

정확히 전달사항을 메모하여 전달한다.

⑧ **전화기 주위 비치 물품**

메모지, 필기도구

4) 상사의 지시를 받을 때

필기도구를 준비하여 상사의 말을 경청하여 요점을 기록한다. 상대방이 말하는 도중 끼어들지 않으며 끝까지 잘 듣는다. 혹시, 의심스러운 상황은 다시 확인하고 지시받은 사항을 행한 후에는 상사에게 내용을 즉시 보고하거나 시간이 지체되는 일의 경우는 진행사항을 중간 보고한다. 먼저 결과를 말하고 과정을 이어 설명한다. 그 순서는 결론, 내용, 경과, 본인의 의견으로 보고하며, 보고할 내용과 지신의 의견은 명확히 구분하여 말한다.

♣ 피부관리실을 방문했을때 형식적으로 인사를 받거나, 눈을 마주치지 않고 건성으로 말하면 고객의 입장에서는 무시당한 기분이 들며 불쾌한 감정을 가지게 되므로 항상 고객이나 동료와는 따뜻한 눈길로 친절함이 전달되도록 한다.

5. 관리 전 준비사항

① 에스테티션

- 깨끗한 복장과 청결한 두발과 손톱 상태를 확인

② 피부관리실

- 사용할 타월을 미리 온장고에 비치
- 베드와 관리실 내부를 적정한 온도로 유지
- 왜건에 사용할 화장품을 정리하고 부족한 양을 보충

③ 접수대

- 컴퓨터와 음향기기, 전화기의 상태확인
- 방문 고객차트 확인
- 주차스템프, 고객예약표, 명함꽂이 정리
- 귀금속 등의 보관함 확인

④ 상담실

- 상담테이블, 의자, 쇼파 정리
- 명함, 고객카드, 상담용 거울, 필기구 정리

⑤ 파우더룸

- 헤어드라이기, 종류별 헤어빗, 메이크업 물품 정리
- 무스, 스프레이, 각티슈, 핸드크림 등의 양 확인

⑥ 탕비실

- 고객 접대용 차와 간식, 찻잔 준비
- 온수기, 세탁기 상태 확인

⑦ 진열장

- 진열 물품과 장식품 정리

⑧ 탈의실

- 관리가운, 겉가운, 반바지 등 옷장 정리
- 사용한 가운 및 타월 수거함 정리

⑨ **샤워실**

- 비누, 샴푸, 린스, 바디워시, 바디로션, 타월 등의 양 확인
- 사용한 타월 수거함 정리
- 배수구 청결상태 확인

6. 피부관리실 물품의 위생 관리

① 화장품(Cosmetics)

- 피부의 상태와 관리 목적에 적합한 화장품 사용

② 화장솜(Cotton)

- 관리 목적에 따라 물을 적시거나 건조한 채로 사용
- 화장수 사용, 포인트메이크업(point M/U) 제거, 오염물질 제거, 팩 등을 사용할 때 이용

③ 티슈(Tissue)

- 화장품의 기름성분 제거와 포인트메이크업 잔여물 제거 등에 사용
- 향과 색소가 없고 먼지가 생기지 않는 부드러운 것을 사용하여 피부 자극을 최소화

④ 면봉(Q-tip)

포인트메이크업 제거, 부분적 도포, 여드름 피지 압출 등에 사용

⑤ 해면(Sponge)

- 스펀지 형태로, 모든 피부관리 단계의 후처리 과정에 사용
- 피부에 자극이 적고 잔여물 제거에 용이
- 사용 후에는 중성 세제에 세척하여, 바람이 잘 통하는 곳에 잘 말려서 자외선 소독기로 소독하여 보관

⑥ 해면볼(Sponge bowl)

- 피부관리시에 물에 젖은 해면을 담아두는 큰 용기
- 사용 후에는 비누로 세척, 건조한 후에 자외선 소독하여 보관

⑦ 유리볼(Glass bowl)

- 작은 유리 용기
- 딥클렌징제와 팩을 섞어 사용하거나 크림을 덜어서 사용할 때에 사용
- 깨끗이 세척하여 자외선 소독기를 이용하여 소독

⑧ 스파출라(Spatula)

- 화장품의 일부를 덜어 쓸 때 또는 팩과 마스크 도포시 사용
- 플라스틱이나 금속은 세척 후에 70% 알콜로 닦고 자외선 소독, 건조하여 보관
- 나무재질은 일회용으로 사용

⑨ 브러시(Brush)

- 딥클렌징, 팩을 도포할 때에 사용
- 부드러운 결을 지닌 것이 적합
- 사용한 후에 세척, 자외선소독기에서 소독, 건조시켜 보관

⑩ 타월(Towel)

- 온습포용과 냉습포용으로 구분하여 사용
- 피부 노폐물과 잔여물 제거, 모공의 일시적 이완과 수축, 혈액순환 등의 사용 목적에 따라 적절하게 사용
- 흰색의 면소재가 적합하며, 사용한 후에 세척하여 자비 소독하고 건조
- 혈액이나 고름, 이물질이 묻은 경우에는 고압증기멸균법으로 소독

⑪ 휴지통(Waste basket)

- 관리 과정 중에 발생하는 잔여물을 위생적으로 처리할 수 있도록 피부미용사의 주변에 임시로 설치
- 관리 후에는 깨끗하고 위생적으로 처리

⑫ 소독용 알콜(Alcohol)

- 70% 알콜로 미용기기나 기구를 소독할 때에 사용
- 고객의 발이나, 눈썹, 관리사의 손소독에 사용

7. 피부관리실의 기구별 소독

1) 소독방법

① 자외선소독

- $1cm^2$당 85㎼ 이상의 자외선을 20분 이상 쐬어줌

② 건열멸균소독

- 100℃ 이상의 건조한 열에 20분 이상 쐬어줌

③ 증기소독

- 100℃ 이상의 습한 열에 20분 이상 쐬어줌

④ 열탕소독

- 100℃ 이상의 물속에 10분 이상 끓여 줌

⑤ 에탄올 소독

- 에탄올 수용액 70%에 10분 이상 담가두거나, 에탄올 수용액을 적신 면이나 거즈로 기구 표면을 닦음

2) 미용기기 소독

① 스티머(베퍼라이저)

- 사용이 끝나면 바로 물통을 잘 씻어 보관
- 주 1회 정도 세척(세제 사용은 고장의 원인)
- 석회가 발생하면 식초와 물의 1:8, 1:12 비율로 희석하여 세척

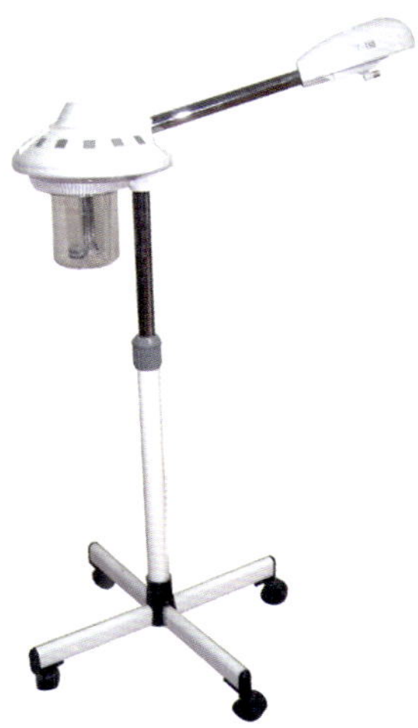

② 전동 브러시(프리마톨)

- 브러시를 중성세제로 청결히 세척하여 털을 빗질하여 건조시킨 뒤 자외선 소독기에 소독 후 보관

③ 진공흡입기(배큠 석션기, 패터기, 석션기)

- 사용 후 벤토즈는 중성세제를 푼 미온수에 브러시를 사용하여 속까지 씻어내고 충분히 헹군 후 물기 제거
- 알콜로 소독하거나 자외선 소독기에 말려 보관

④ 그외 미용기기류

- 70% 알콜로 소독

8. 불만 고객 응대

불만을 말하는 고객과 관계를 끊어버리는 고객 중 더 무서운 고객은 후자다. 고객에게 듣는 불만과 불편 등은 피부관리실이 더 성장하게하는 원동력이 되며, 불만을 적절하게 대응하지 못했을 경우 다시는 우리 피부관리실을 찾지 않을 수 있기에 매우 중요한 문제이다.

1) 불만 고객 대응의 중요성

① 부정적 구전을 최소화한다.
② 정확하고 신속한 대응은 고객 유지율을 증가시켜 이윤증대를 높인다.
③ 현명하게 불만을 처리하여 충성 고객으로 만든다.

2) 불만 고객의 처리

① 불만 접수

- 불만 내용을 경청하고 메모
- 불만을 말하는 고객에게 감사하며 고객의 마음을 표현하여 공감
- 불만에 대해 직접적, 구체적 사과
- 불만 시정에 해결책을 자문함
- 서비스 담당자의 이름을 밝혀 고객에게 믿음을 줌

② 불만 처리

- 불만 사항을 말할 때, 고객의 말을 끊고 성급하게 설득하거나 변경하는 것은 고객을 더 화나게 할 수 있음
- 고객의 맘 속에 있는 것을 모두 말할 수 있도록 열린 마음으로 경청함
- 잘못된 부분은 인정하고, 시정사항을 구체적으로 알림
- 관리실의 실수가 아닌 것은 고객의 오해를 확실히 풀어주고, 사과의 문장으로 화난 고객을 진정시킴
- 사실 여부를 확인해야 한다면 확인 후 보상한도나 책임 한계를 명확하게 함
- 처리는 최단 시간으로 하여 제 2의 불평 요인을 감소시킴
- 담당 1인 책임제로 불만을 처리

- 마지막으로 불만을 알려준 것에 대해 감사하다는 말을 반드시 하고, 정성껏 관리하여 고객의 마음을 움직이게 함
- 해결 후 전화로 다시 한 번 죄송한 마음과 감사의 마음을 전함
- 고객 불편사항에 대한 심리적 보상을 위한 방법을 마련
- 불만사항에 대해 진심으로 사과하고 다른 불만은 없는지 확인
- 임기응변의 대응을 피함
- 고객의 입장에서 문제를 이해하고 처리하며 인간적으로 따뜻한 태도를 취함

chapter

3

고객 상담 및 피부 분석

1. 고객 상담
2. 피부 분석

Chapter 3

고객 상담 및 피부 분석

1. 고객 상담

상담이란 짧은 시간을 통해 고객에게 신뢰감을 갖게 하는 것으로 고객 경영에 있어 가장 중요한 부분이며 피할 수 없는 첫 관문이다. 짧은 시간을 통해 고객으로부터 신뢰감을 갖게 한다는 것은 누구나 가장 어렵게 느껴질 수 밖에 없는 부분이다. 상담이라는 것은 상황에 따라 극히 유동적이고 가변성이 있는 것이므로 원칙론이라는 것 자체가 생소할 수 있으나 정성스런 준비를 위한 노력의 한 부분으로 받아들일 수 있어야 한다. 서로가 공감적 이해를 배경으로 상담자의 전문지식과 판단력을 통해 최선의 해결방안을 제시하고, 고객이 자신의 문제에 대해 긍정적인 기대를 갖게 해주는 것이 상담의 궁극적인 목적이다.

그러므로 상담자는 경영자와 피부관리사 사이에서 중간 역할을 잘해야 한다. 고객과 상담할 때도 매우 중요한 존재지만, 경영자에게 있어서도 고객의 중요성이 큰 것만큼 상담자의 역할은 중추적 성질을 가지고 있어야 한다.

상담자는 피부 관리실의 전반적인 것을 알아야 하고, 경영자의 마인드로 일을 하는 것이 가장 중요한 교육이다. 피부관리실의 문제점과 개선점을 정확하게 파악하고 실천으로 옮기느냐는 매우 중요하며, 어떠한 마인드로 일을 하느냐에 따라 이로 인하여 피부관리실의 성공과 실패까지도 결정될 수 있다.

상담자의 서비스 정신은 고객을 사랑하는 마음이 밑바탕에 있어야 하고, 눈에 보이지 않는 진정한 마음과 눈빛으로 고객을 대하는 상담자가 되어야 한다. 형식적인 일을 하는 것이 아닌 프로의식과 고객의 아름다움을 위한 중요한 존재로서 주인의식을 가지고 끊임없이 자기와의 싸움에서 포기하지 않고 연구하며 창의적으로 시도해야 하며, 상담 및 테크닉과 함께 고객과의 교감과 정이 넘쳐나는 상담자가 되어야 한다. 아울러 피부

관리사들과의 관계 및 업무 협조, 고객관리 및 클레임 해결, 적극적인 홍보 등을 할 수 있는 경영자의 마인드를 가진 상담자가 이 시대가 원하는 멀티플레이어로서의 상담자가 아닐까 생각한다.

피부관리 상담은 효율적인 관리를 위해 문진, 촉진, 견진을 통하여 고객을 이해하고 생활환경 및 피부환경 등의 상태를 파악하고 피부에 영향을 줄 수 있는 인자를 도출하여 고객의 요구에 부응하는 피부상태를 파악하는 것이다.

1) 상담 목적

(1) 먼저 고객의 방문동기와 목적 파악

① 일반적인 피부관리
② 문제 피부 개선
③ 정신적 이완 및 스트레스 해소
④ 화장품 구매

(2) 피부 상태 및 생활환경 조건(식생활습관 형태, 세안 및 피부관리 습관, 일상업무, 건강, 성격, 취향) 등을 조사하여 피부 문제의 원인 파악

(3) 피부 문제의 원인을 해결할 수 있는 방법과 피부관리 계획 수립

(4) 피부관리방법 및 화장품의 특징과 사용목적 설명

(5) 고객과의 신뢰감을 형성할 수 있는 계기 형성

2) 상담 효과

① 피부관리의 필요성 인지
② 피부 문제 파악 후, 효율적인 관리 계획 수립
③ 전문적인 관리방법 제시
④ 피부관리시 발생될 수 있는 문제점 최소화
⑤ 피부관리의 조언 가능
⑥ 심리적 안정감 유도
⑦ 고객의 신뢰감과 만족감 향상

3) 상담 조건

① 인격(애정과 정성)
② 전문가로서의 기술과 지식
③ 고객요청이 최우선
④ 듣고, 말하기의 시기를 구분
⑤ 고객이 거절할 때를 준비
⑥ 고객의 특성(연령, 성격, 직업, 학력 등)에 눈높이를 맞춤
⑦ 상담 결과를 기다림

♣ 자제해야 하는 말투

- 제가 알기로는…
- 이렇게 하는 것이 좋다고 하거든요.
- ~잖아요, 좋다니까, 해봐...
  (상담 중간에 말끝마다 반말 섞어서 하는 것)

♣ 권장하고 싶은 말투

- 네, 그렇게 하겠습니다.
  정말 죄송합니다. + 미소
- 또 오십시오.
  감사합니다.
  받았습니다 + 미소
- 아 그것 말입니까?
  예, 이것은 이런 이유로 그렇습니다.
  아 그러셨군요.
  그럴 때는 이렇게 한번 해보세요.
  네, 알겠습니다. + 미소
- 정중하고 간결한 느낌, 교육적인 어감을 준다.
  단, 딱딱한 느낌이 들지 않게 적당한 속도와 부드러운 어감이 필수다.

4) 상담의 플러스 요인

(1) 상담용 고급 브로셔(Brochure)

① 전문 피부관리실 소개와 관리 프로그램 형태, 고객 상담시 필요한 형태, 그리고 피부관리와 관련된 자료 형태인 고객 교육용으로 구분할 수 있다.

② 복잡한 현 사회에서는 때론 단순함이 가장 강력하게 인식될 것이다. 많은 글보다는 그림, 사진, 동영상 등이 더 효과적이다.

③ 상담 브로셔 형태

고객용 브로셔

- 전문 관리실 소개 : 경영이념, 비전, 연혁 등
- 원장 및 관리사 소개 : 전문적인 특징 외
- 관리 프로그램 제목
- 관리 프로그램별 관리내용 및 효과
- 관리 비용
- 회원 혜택 : 사후관리, 할인 등

고객 상담 및 교육용 브로셔

- 상담 종류 : 피부 타입별(여드름, 색소침착, 기미, 노화, 지성, 복합성, 건성, 예민, 홍반, 모공관리), 특별관리(흉터, 비만체형, 산후, 가슴, 미용 경락, 아로마, 발관리 등)
- 상담 종류에 따른 구체적인 자료, 관리 전 · 후 사진, 최신 미디어자료(잡지, 신문), 피부 단면도, 여드름 단계별 과정, 멜라닌 색소 생성과정 등의 그림이나 사진 등

(2) 상담용 영상자료 및 최첨단 시설

브로셔의 상담 종류별 관련 있는 영상물, 관리 전 · 후 사진, 피부분석 측정기 등의 장비시설을 소개한다.

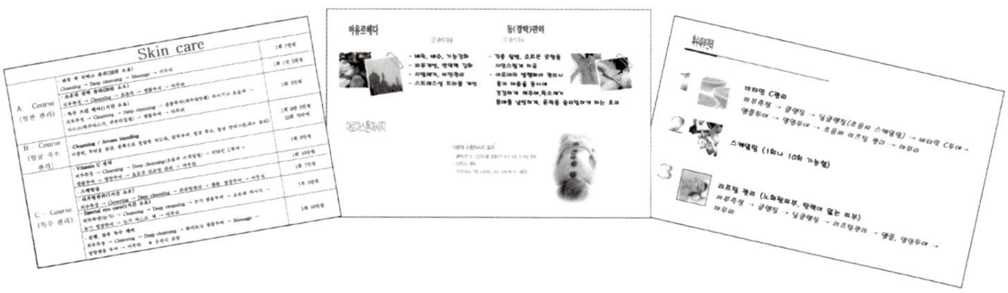

5) 피부관리 상담의 단계

일반적사항 : 인사, 상담준비, 고객카드 작성

- 미소와 자신감, 의욕적인 모습
- 인적사항 및 건강상태, 방문 동기 및 목적 등 기초고객카드 작성
- 고객카드 작성 : 직업, 성격, 식생활습관, 기호식품, 환경 등 문제의 원인, 해결방법, 관리 기간 등의 기초마련과 고객관리를 위한 목적

↓

피부분석 : 대화는 유도하되 고객이 전적으로 말할 수 있는 분위기 조성 후 이해하며 경청

- 문제의 원인 분석 : 유전 · 물리 · 환경 · 내 · 외적 면에서의 원인 파악
- 피부관리 경험 파악 : 병원치료, 피부관리실 경험, 자가관리 여부 체크
- 결과 진단 : 원인과 상담을 통해 현 피부상태 진단

↓

관리 계획 : 분석 결과에 따른 피부 문제점을 그림으로 표기 및 관리 계획 제시

↓

관리 실행 : Ticketing(관리내용, 관리기간, 관리비용 제시) 후 관리

↓

평가, 조언 : 관리 후 상담(객관적이고 전문적인 피부진단이 가능한 단계)

- 관리 중 불편한 사항 파악(필요한 불편사항은 설득한다).
- 홈케어의 중요성 및 사용방법에 대한 조언
- 음식 및 기호식품, 수면 등의 식생활습관 조언
- 다음 관리 계획과 시간 예약

6) 성공적인 상담의 조건

(1) 고객이 상담자 보다 더 많은 말을 하게 한다.

① 상담자의 계속되는 말에 고객은 흥미를 잃어버린다.
사람은 자신이 말하는 주제에 더욱 흥미가 있는 법이다.
② 상대에 대한 인내심과 상대방을 이해하려고 노력한다.

(2) 고객은 이야기하면서 관리 Ticketing과 제품을 구매하려고 함으로써 적절한 질문을 잘 활용해야 한다.

고객으로 하여금 이야기하도록 유도하는 것은 질문을 통해서이다. 따라서, 질문을 통해 고객이 무엇을 생각하고, 무엇을 원하고 있는지를 파악 할 수 있다.

(3) 고객의 이야기에 관심을 가지고 경청해야 한다.

① 경청을 잘해야 고객의 감정과 반응을 정확히 파악할 수 있다.
상담자가 자기 말만 한다면, 결코 고객 정보를 파악할 수 없다.
② 고객은 자기의 말에 관심을 갖는 상담자에게 호감을 가지게 된다. 사람들은 자기 말을 잘 들어주는 사람에게 호감을 갖는다는 것을 인식해야한다.

(4) 고객이 무엇을 원하는지를 파악하고, 더 좋은 것을 얻을 수 있도록 도움을 주는 방법을 찾아야한다.

상담자는 고객을 위해 현재의 문제점을 찾아 올바른 해결 방안을 제시해야 한다.

7) 고객카드 작성방법

(1) 고객 정보

성명, 생년월일, 주소, 연락처, 이메일, 직업, 결혼여부, 가족구성, 성별, 연령, 신장, 체중, 혈액형, 가족 및 기타사항

(2) 병력 및 일반적인 정보

방문경로, 병력유무, 콘택트렌즈 착용유무, 피임약 및 약물 복용여부, 알러지 유무, 유전적요인, 사용하는 화장품, 피부관리 경험, 스트레스 정도, 운동 유무, 흡연 및 음주 유무, 식생활습관, 썬탠 유무

(3) 피부상태 분석

① 피부의 예민 상태, 물리적(해면, 기기 등), 화학적(특정 성분, 재료), 기온(날씨 변화 : 더위, 추위) 등에 알러지, 민감성을 보이는지 알아본다.

② 피부의 탄력 정도, 주름이 있는 부위 및 상태와 굵기 정도 파악, 각질상태, 피부두께 정도, 모공상태, 유분보유상태, 수분보유상태, 혈액순환 정도를 구분하여 파악하고 작성한다.

③ 피부분석 기기를 통한 객관적 분석

8) 고객카드 작성 시 주의사항

(1) 고객에 관한 주 · 객관적 내용을 빠짐없이 기재

(2) 피부관리의 목적과 계획내용을 기재

(3) 사용제품, 관리방법, 도구, 기자재 등의 사용목적 및 특성을 기재

(4) 관리절차를 구체적이고 빠짐없이 작성

(5) 날짜, 관리횟수, 관리자명을 기재

(6) 관리 전 · 후 피부상태 기록

(7) 고객의 자각증상을 문진하여 기록

2. 피부 분석(Skin analysis)

고객의 피부 상태를 정확히 분석하여 효율적이고 정확한 피부관리를 하기 위한 필수 단계이다.

따라서 피부 유형에 따른 올바른 피부관리 방법을 정하기 위해 육안 및 피부분석기기 등을 이용하여 과학적인 피부 분석이 필요하다.

피부변화 상태를 관찰하기 위해서는 주 · 객관적인 분석방법이 필요하다.

주관적인 방법은 고객과의 상담(견진, 촉진, 문진), 설문 등이며 객관적인 방법은 피부 분석 기기를 이용해 피부 분석하는 것을 말한다.

1) 피부 분석의 목적

현재의 피부 상태를 정확히 분석하여 합리적이고 과학적인 피부 관리방법을 제시함으로 피부관리시 나타나는 문제점을 최소화하고 고객에게 신뢰감과 만족도를 향상기키는 데 목적이 있다.

2) 피부 분석의 절차

- 문진을 통해 고객의 주 · 객관적인 분석을 실시하고 고객 카드를 작성한다.
- 반드시 세안 후에 피부 분석을 실시한다.
- 고객에게 피부 분석 과정을 설명해 준다.
- 다양한 피부 분석기기를 통하여 정확하고 과학적으로 피부상태를 분석한다.
- 관찰한 내용을 피부 분석표에 상세히 기록한다.
- 고객에게 피부유형과 피부 문제점 및 발생원인을 설명하고 그에 따른 관리 방법과 계획을 제시한다.

3) 피부 분석의 방법

(1) 견진

피부 상태를 분석하는데 가장 중요한 것은 숙련된 전문가의 육안 관찰이다.

육안 또는 확대경이나 우드램프 등을 이용하여 피부를 분석하는 방법으로 장시간의 경험이 요구되며 피부의 조직이나 각질 상태, 피지분비 상태, 모공의 크기, 주름, 색소

침착, 피부 투명도, 건조상태, 여드름 유무, 피부 민감 정도를 판별하는 방법이다.

① 육안 검사시

- 반드시 형광등 아래서 실시
- 피부의 세밀한 부분까지 분석할 수는 없으나 문진과 병행하여 효과적으로 판별 가능
- 숙련된 전문가의 경험을 통해서만 올바른 분석이 가능

(2) 촉진

피부를 손으로 만져보거나 눌러봄으로써 피부의 조직과 수분 상태, 탄력도, 피부 두께, 민감도, 피지 분비량 등을 파악하는 방법

① 피부표면상태 테스트

지두 부분을 이용해서 피부결의 거침정도, 주름상태, 수분손실 정도 등의 피부표면 상태 파악

② 딥 스킨(Deep skin) 테스트

피부 전체를 집어 피부 아래 작은 돌기가 느껴지는 정도르 여드름의 가능성 등을 파악

(3) 문진

고객의 연령, 직업, 성격, 결혼유무, 식생활습관, 기호식품, 사용중인 화장품, 스트레스, 생리주기와 양, 알러지 유무, 병력, 질병 상태 등의 질의응답을 통해 피부 상태를 파악하는 방법

(4) 패치 테스트(Patch test)

화장품의 알러지 여부를 파악하기 위해 이용하는 방법
등, 겨드랑이, 손목 안쪽 부위에 패치 테스트용 테이프를 48~72시간 부착한 후 피부 민감도를 관찰

(5) 피부 분석기기 이용

① pH 측정기

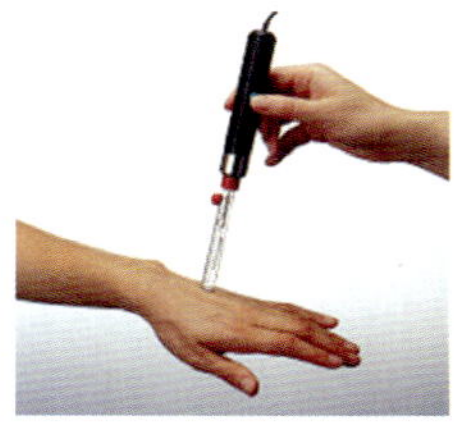

- 피부 표면의 pH를 측정하는 기기(피부상태가 기후, 계절에 따라 항상 변하므로 장기간의 평가에 의해 그 결과를 판단)
- 측정시 온도 20~22℃, 습도 40~60% 정도의 환경이 적절

② 확대경(Magnifying lamp)

- 피부를 확대하여 미세한 부분까지 볼 수 있도록 램프가 부착된 기기
- 육안 판별이 어려운 여드름, 색소침착, 잔주름 등의 문제점 관찰
- 반드시 아이패드 사용

③ 현미경(Microscopy)

- 피부 조직 분석기기(정밀한 분석 가능)
- 피부를 확대하여 사진을 찍어 고객의 관리 전 · 후를 비교 분석 가능
- 고객과 관리사가 동시에 피부 상태를 확인할 수 있는 장점

④ 스킨 스캐너(Skin scanner)

- 피부 표면상태를 파악하는 기기

⑤ 유 · 수분 측정기(Sebumeter, Corneometer)

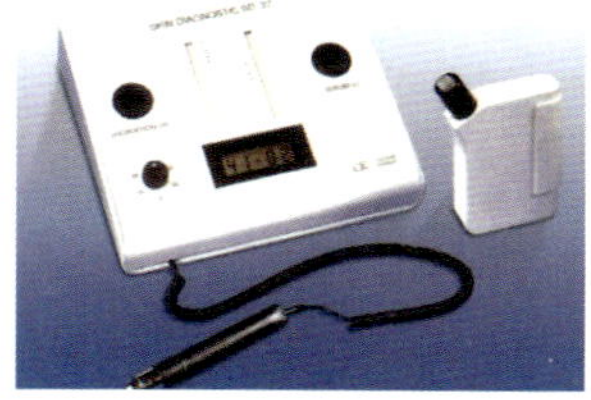

- 피부 표면의 유분(피지)과 수분량을 측정할 수 있는 기기
- 피부 표면에 프로브를 대면 미터기에 나타나는 수치에 의해 피부의 유 · 수분 정도를 분석할 수 있다.
- 유분량 측정은 T-zone, 수분량 측정은 U-zone(볼) 부위를 측정

⑥ 경피 수분손실량 측정기(TEWL)

경피 수분손실량(transepidermal water loss : 이하 TEWL)은 각질층의 피부장벽 기능을 측정하는 방법으로 형태학적 검사, 물리적 검사, 생리학적 검사, 분자 생물학적 검사에 비하여 쉽게 활용할 수 있는 장점이 있으나 여러 가지 외부환경에 민감하므로 일정

한 습도와 온도가 유지되는 공간에서 측정해야 한다. 피부를 통한 수분 손실은 두 가지 경로, 즉 땀과 표피를 통한 증발로 이루어지며 이중 표피를 통한 수분의 증발을 TWEL이라 한다.

⑦ **피부 분석기**(Beauty scope, Derma scope, Skin scope)

- 80~200배의 확대 렌즈를 통해 피부 표면의 상태를 분석하는 기기
- 모니터 상에서 피부조직 상태를 관찰할 수 있으며, 출력하여 보관할 수 있다.

⑧ **우드램프**(Wood lamp)

- 특수 인공 자외선을 이용하며 피부의 보습상태, 민감도 상태, 색소 침착, 피지, 각질, 여드름 정도 등의 상태를 다양한 색상으로 나타내는 기기

♣ Wood lamp의 색상

- 정상피부 : 청백색
- 두꺼운 피부 : 흰색형광
- 건조피부 : 밝은 보라
- 지성피부 : 노랑, 주황
- 색소침착 피부 : 갈색

(6) 예민정도(Dermagraphismus)

스파튤라로 이마, 가슴 부위를 긋고 5분 정도 경과 후, 피부 표면이 붉은색을 띠면 정상, 흰색은 습진성 피부, 부어오르면 예민한 피부로 판별

4) 피부 분석시 유의사항

- 동일한 피부라도 원인이 다를 수 있다.
  (내 · 외적 · 정신적 · 환경 요인, 식생활습관, 화장품, 생리 등)
- 온도 등의 환경에 피부가 영향을 받지 않도록 일정한 환경(실내온도 18~22℃) 유지
- 피부 분석 전에 반드시 피부미용사는 손 소독 실시
- 광선으로부터 눈을 보호하기 위해 반드시 아이패드를 한다.

표 3-1 고객관리카드

1. 고객정보			
성명 :		성별 : 남 여	
생년월일 :		연령 : 세	
주소 :		HP :	
이메일 : @		TEL :	
결혼여부 : 미혼 기혼		결혼기념일 :	
직업 :	신장 : cm	체중 : kg	혈액형 : 형
가족 및 기타사항			

2. 병력 및 일반적인 정보		
병력유무 :	콘텍트렌즈 착용 : 유 무	피임약 복용 여부 :
운동유무 :	흡연유무 :	썬탠 유무 :
유전요인 :		
알러지유무 :		
스트레스 정도 :		
식생활 습관 :		
방문경로 : □ 잡지광고 □ 매장 □ DM □ 카달로그 □ 광고 □ 소개 :		
사용하는 화장품 :		

3. 피부상태 분석

관 찰	분 류				
Texture	fine		normal		thick
Sebaceous secretion	dry	normal	oily	comedones	acne
Hydration	superficial dehydration			deep dehydration	
Ostiums	invisible ostiums	sightly ostiums		visible ostiums	
Even grain	tight even grain	normal even grain		coarse even grain	
Sensitivity	insensitive	sensitive		very sensitive	
Circulation	erythrosis	couperose		rosacea	
Pigmentation	hyper-pigmentation			hypo-pigmentation	
Complexion	fair	asphyxial		pale	mat
Lines	deep wrinkles	crow's feet		fine line throughout face	

표 3-2 피부 분석 내용

부 위	분 류	구 별
Texture (피부조직)	fine(예민)	투명, 눈꺼풀에 실핏줄이 보임
	normal(정상)	작은 모공이 보임
	thick(지성)	각질이 두텁고, 딱딱함, 저항력이 강함
Even grain (피부결)	tight even grain	섬세한 피부결
	normal even grain	정상
	coarse uneven grain	거친 피부결
Hydration (수분 보유)	superficial dehydration (표면 수분부족)	표피 탈락, 소양증, 당기는 현상, 잔주름
	deep dehyration (진피 수분부족)	주름, 늘어짐, 탄력도 저하, 노화
Sebaceous secretion (피지 분비량)	alipic(건성)	유 · 수분 부족, 피부표면 단단
	normal(중성)	T-zone 부위만 조금 더 분비
	oily(지성)	과잉피지 분비
	comedones(비화농성 여드름)	black head, white head
	asphyxial(질식)	울퉁불퉁
	acne(여드름)	papules(구진), pustules(농포), nodules(농진), cysts(낭포)
Ostiums (모공)	invisible	모공이 거의 보이지 않음, 건성 피부
	slightly	섬세한 모공
	visible	모공이 보임, 지성피부
Sensitive (민감도)	insensitive	둔감
	sensitive	민감
	very sensitive	매우민감
Circulation (혈액순환 상태)	erythrosis(적혈증)	홍반피부, 따뜻한 느낌, 외관으로 건강해 보임
	couperose(적색농진)	심한 홍반, 매우 예민, 양볼이 붉음, 영구적 실핏선
	rosacea(주사)	주사, 붉은 낭포, 피지분비의 과다 및 저하, 의학적 처치가 필요
Pigmentation (색소분포)	hyper-pigmentation(과색소)	검버섯, 기미, 주근깨
	hypo-pigmentation(저색소)	백색증, 흉터, 백반
Complexion (안색상태)	fair(밝은)	희고 고운 피부, 건강해 보임
	asphyxial(질식)	지성피부
	mat(윤기없는)	건성피부
	pale(창백한)	건성피부
	bilious(누르스름한)	

표 3-3 피부 분석표 (예)

- Skin care chart -

실습자명 : 실습일자 :

성 명 :	생년월일 :
주 소 :	
전화번호(집) :	직장 :
성 별 :	미혼 :
가족현황 :	
유전적 질병 :	
병 력 :	
복용하는 약 :	
알러지 :	
생리주기 :	기미, 색소침착피부 :
수면상태 :	
운 동 :	
세안습관 :	
기초사용제품 :	
자기관리법 :	
방문동기 : 광고 - 지인소개 - 기타 -	
기 타 :	

※ Skin analysis ※

1) texture(피부두께)
 ① thin-얇다 ② normal-정상 ③ thick-두껍다
2) sebaceous secretion(피지분비)
 ① alipic-모공이 안보임 ② normal-정상
 ③ comedo-비화농 여드름 ④ oily-지성
 ⑤ asphyxial-질식된 피부 ⑥ acne-화농성 여드름
3) hydration(수분보유)
 ① superficial dehydration-표피 표면 수분부족
 ② deep dehydration-진피 층의 수분 부족
 ③ wrinkle-주름
4) circulation(혈액순환)
 ① telangiectasis-모세혈관 확장증
 ② couperose-홍반성 피부
5) sensitivity(예민도)
6) pigmentation(색소)
 ① freckles-주근깨 ② melasma, chloasma-기미 ③ brown sports-갈색반점
7) elasticity(탄력도)
8) 기타 :

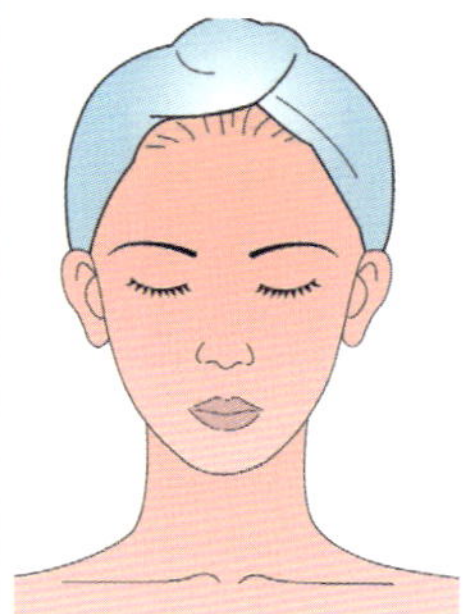

※ 피부타입:

※ Advice:

표 3-4 기기를 이용한 피부 분석도 (예)

<table>
<tr><td>Name</td><td></td><td>Age</td><td></td><td>Sex</td><td>Male, Female</td></tr>
<tr><td colspan="2" rowspan="6">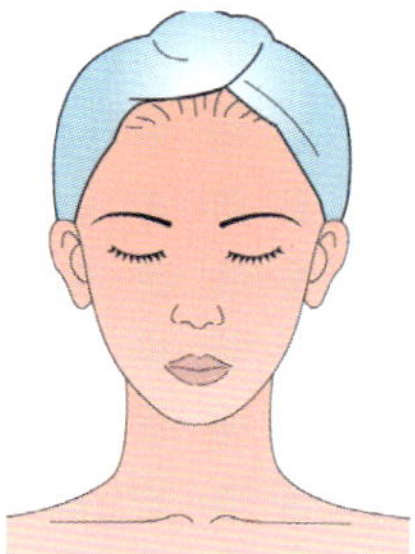</td><td colspan="4">Wood Lamp</td></tr>
<tr><td colspan="2">측정부위</td><td colspan="2"></td></tr>
<tr><td colspan="2">forehead</td><td colspan="2"></td></tr>
<tr><td colspan="2">cheek</td><td colspan="2"></td></tr>
<tr><td colspan="2">nose</td><td colspan="2"></td></tr>
<tr><td colspan="2">chin</td><td colspan="2"></td></tr>
<tr><td colspan="6">Magnifying Lamp(확대경)</td></tr>
<tr><td colspan="2">측정내용</td><td>문제</td><td colspan="3">판정</td></tr>
<tr><td colspan="2">여드름</td><td></td><td colspan="3"></td></tr>
<tr><td colspan="2">기미</td><td></td><td colspan="3"></td></tr>
<tr><td colspan="2">모공</td><td></td><td colspan="3"></td></tr>
<tr><td colspan="2">색소 침착</td><td></td><td colspan="3"></td></tr>
<tr><td colspan="6">Moisture(수분)</td></tr>
<tr><td colspan="2">측정 부위</td><td>지수</td><td colspan="3">판정</td></tr>
<tr><td colspan="2">T-zone, cheek
eyelid, temple neck</td><td></td><td colspan="3"></td></tr>
<tr><td colspan="2">arms, hands
legs, elbows</td><td></td><td colspan="3"></td></tr>
<tr><td colspan="6">Sebum(유분)</td></tr>
<tr><td colspan="2">T-zone</td><td></td><td colspan="3"></td></tr>
<tr><td colspan="2">cheek, eyelid, temple</td><td></td><td colspan="3"></td></tr>
<tr><td colspan="2">arms, hands
legs, elbows</td><td></td><td colspan="3"></td></tr>
<tr><td colspan="6">TEWL(수분 증발량)</td></tr>
<tr><td colspan="2">T-zone, cheek
eyelid, temple neck</td><td></td><td colspan="3"></td></tr>
<tr><td colspan="2">arms, hands
legs, elbows</td><td></td><td colspan="3"></td></tr>
</table>

표 3-5 수분량, 유분량, 피부표면 수분증발량 분석표 (예)

(1) 수분량(Moisture : 20°C, 습도 40~60%)

Moisture Result	forehead, T-zone, cheek, eyelid, temple, corner of the mouth, upper, bodyparts, back, neck	arms, hands legs, elbows
very dry	〈 50	〈 35
dry	50 – 60	35 – 50
sufficiently moistured	〉 60	〉 50

(2) 유분량(Sebum : 20°C, 습도 40~60%)

Sebum Result (㎍ Sebum/㎠)	forehead, t-zone, scalp	hair	cheek, eyelid, temple	corner of the mouth, upper body parts back, neck	arms, hands legs, elbows
dry, less sebum	〈 100	〈 40	〈 70	〈 55	0 – 6
normal	100 – 220	40 – 100	70 – 180	55 – 130	〉 6
oily	〉 220	〉 100	〉 180	〉 130	---

(3) 피부표면수분증발량(TEWL : 20°C, 습도 40~60%)

TEWL-values (g/h/㎡)	0-9	10-14	15-24	25-29	Above 30
interpretation help	very healthy condition	healthy condition	normal condition	stained condition	critical condition

chapter

4

피부유형별 특징 및 관리

1. 정상 피부
2. 건성 피부
3. 예민 피부
4. 지성 피부
5. 복합성 피부
6. 여드름 피부
7. 색소침착 피부
8. 노화 피부
9. 모세혈관확장 피부

Chapter 4

피부유형별 특징 및 관리

1. 정상 피부(Normal skin)

피부조직의 상태 및 피부의 모든 생리기능이 원활하게 활동하고 있으므로 유 · 수분 분비가 적절히 이루어지며 안색이 맑고 혈액순환이 잘 되는 피부상태를 말한다.

생물은 태어나서 나이가 들어감에 따라 성장 → 성숙 → 퇴화라는 3가지 과정을 거치는 것으로 이 과정들은 시간적으로 서서히 일어나지만 항상 진행되는 생리적 변화로 숙명적으로 겪게되는 자연현상이다. 정상피부도 이와같은 과정을 거친다.

정상피부는 주로 환경적인 요인의 영향(외적 요인, 정서적 요인)을 많이 받고 있으므로 건강 상태에 따라 관리를 달리해 주어야 한다.

1) 정상 피부의 특성

기 준	특 성
피 부 결	- 섬세함, 윤기 있고 피부결이 고르며 부드럽다.
유분상태	- 유분 상태가 적당하다.
수분상태	- 수분 상태가 적당하다.
모공상태	- 작고 촘촘하여 눈에 잘 띄지 않는다. - T-zone 부위는 모공이 약간 보인다.
민 감 도	- 전반적으로 약간 민감해 보이지만 심한 것은 아니다.
피부 특성 및 문제점	- 가장 이상적인 피부상태 - 세균에 대한 저항력이 우수하다. - 혈액순환이 좋다. - 피부가 탄력적이다. - 주름을 거의 가지고 있지 않다. - 기미, 주근깨, 잡티 등의 색소침착이 없다. - 계절, 건강 상태에 따라 약건성, 약지성으로 변할 수 있음.

2) 정상 피부의 원인

각질층의 수분함량 10~20% 정도이며, 고른 영양섭취와 칼로리 소비가 균형적으로 이루어지고 있다. 혈액순환 및 신진대사 원활하고, 계절과 연령에 따른 내외적 환경변화에 대항해서 피부 손실이 덜 일어난다.

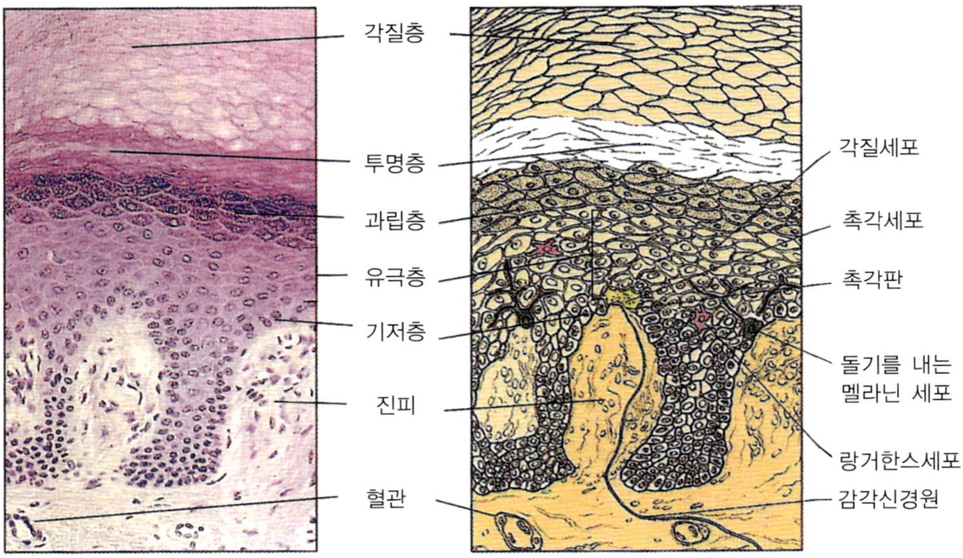

그림 4-1 표피의 구조와 세포

3) 정상 피부의 분석

- 피지의 양이 정상
- T-zone 부위에 피지분포가 적당함
- 피부 당김 현상이 별로 없음
- 피부의 예민 정도가 정상
- 외관상 피부의 결이 약간 살쪄 보이고 통통해 보임

4) 정상피부 유지 및 관리방법

(1) 유지

- 피부손상을 최대한 예방
- 균형을 갖춘 영양섭취
- 적당한 운동, 충분한 수면과 휴식
- 신선한 공기
- 낙천적인 생활습관
- 피부 보호
- 올바른 제품선택과 사용방법 숙지

(2) 관리 방법

- 유 · 수분 균형 유지
- 청결 유지

(3) 관리 목적

- 청결(cleansing)
- 보습(moisturizing)
- 보호(protection)

(4) 관리 시간 및 횟수

- 관리시간 : 약 50분
- 횟　　수 : 주 1회, 5~10회 관리

표 4-1 정상 피부관리 프로그램(Normal skin treatment program)

단계	관리방법	사용기기 및 도구
point make-up cleansing	부분화장전용 클렌징 제품을 젖은 화장솜에 적셔서 사용	화장솜 면봉
cleansing	클렌징 로션 타입으로 가볍게 러빙 후, 해면(스펀지)으로 닦아낸다.	해면(스펀지)
tonic	피부타입에 맞는 토닉을 젖은 화장솜에 적셔 가볍게 닦아낸다.	화장솜
skin analysis	육안, 정밀 관찰로 자각증상 및 피부상태 평가 - 정상피부에서는 특별히 관찰되는 증상은 많이 없다.	확대경, 우드램프 유·수분 측정기
deep cleansing	- scrub제(cream, powder형) : 가볍게 rubbing - gommage제 : 건조 후 가볍게 rubbing - enzyme제(cream, powder형) : 스팀 병행	스티머, 브러시 해면(스펀지)
	주 1회 딥 클렌징 실시	
nutrition	콜라겐, 히아루론산, vitamin A, E, NMF 보습용 앰플 도포 후 흡수	이온토포레시스
massage	보습크림 + essential oil(저먼 카모마일, 네롤리, 로즈앱솔루트, 제라늄, 샌들우드) (순환 매뉴얼 테크닉)	볼, 스파튤라
mask / pack	보습, 모이스춰라이징 마스크	아이패드, 브러시 스파튤라, 볼 해면(스펀지)
	주 1~2회 보습 마스크 실시	
protection	보습토닉 → 보습 에센스 → 아이크림 → 보습크림 → 자외선 차단제	스파튤라
관리 point	- 각질의 정도에 따라 딥 클렌징제 결정 - deep cleansing의 과잉사용 피할 것 - 유·수분 밸런스 유지 - 자외선 차단 필수	

(5) 홈 케어

홈 케어(Home care)	
Day care	보습 클렌징 밀크 또는 소프트한 클렌징 젤 + 보습 토닉 + 아이크림 + 보습 데이크림 + 자외선 차단제
Night care	부분 화장 지우기 + 보습 클렌징 밀크 또는 소프트한 클렌징 젤 + 보습 토닉 + 보습에센스 + 아이크림 + 보습 나이트 크림

(6) 추천사항

- 규칙적인 생활, 올바른 피부관리 습관
- 비타민 A, C 섭취 권장
- 단백질, 칼슘 섭취 권장
- 충분한 수분 섭취 및 수면
- 자외선 차단제 사용

표 4-2 고객관리카드

고객관리카드					
고 객 명		생년월일			
주 소					
연 락 처		성별			
방문동기		취미		직업	
복용중인 약물		병력			
건강상태 (현재)		피부관리 경험 여부			

피부타입 (Skin type)	정상 □ 건성 □ 지성 □ 복합성 □
피부두께 (Texture)	얇다(Fine) □ 정상(Normal) □ 두껍다(Thick) □
피부수분정도 (Skin moisture content)	낮다(Low) □ 보통(Average) □ 높다(High) □
혈액순환정도 (Skin blood circulation)	나쁘다(Pool) □ 보통((Average) □ 좋다(Good) □
근육 발달정도 (Muscle tone)	나쁘다(Pool) □ 보통(Average) □ 좋다(Good) □
피부 민감도 (Skin sensitivity)	정상(Normal) □ 민감(Sensitive) □ 매우 민감(Very sensitive) □
주름정도 (Lines)	표면주름(Superficial lines) □ 표정주름(Expression lines) □ 노화주름(Wrinkles) □

얼굴의 피부문제 표기	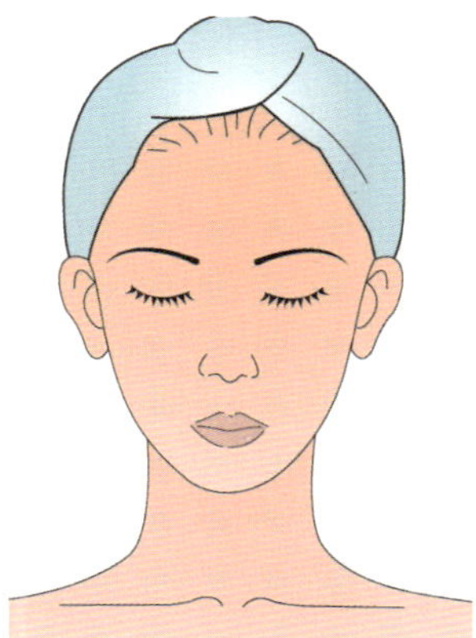	비화농성 여드름(Comedones)
		구진(Papules)
		농포(Pustules)
		한관종(Milia)
		주사(Rosacea)
		모세혈관확장(Talangiectasis)
		흉터(Scars)
		켈로이드(Keloid)
		과색소(Hyper-pigmentation) - 주근깨(Freckles) - 기미(Melasma) - 갈색반점(Brown sports)
		저색소(Hypo-pigmentation)
		기타 :

표 4-3 실습보고서 1

실습보고서

실습일자 : 　　　　　　피시술자(고객) : 　　　　　　시술자(관리자) :

관리대상자의 피부상태	
관리목적	

실습과정(시술시간, 사용기기, 시술방법 기록)

순서	관리단계	제품명 (화장품의 유형)	적용방법	적용범위 및 시간

사용기기	기기명	적용범위 및 시간	적용 방법	관리시 주의사항
피부 분석시				
피부 관리시				

실습과정 중 유의사항		
시술 결과	시술 전	
	시술 후	
Home care		

2. 건성 피부(Dry skin)

건성피부는 정상인들의 비해 피지막 형성이 지연됨으로써 유 · 수분 양이 적거나 모두 부족하여 건조함을 느끼고 자외선, 바람, 대기 오염, 외부 자극, 수분 섭취부족, 식생활 습관, 원활하지 못한 생체리듬, 의약품, 주변 환경, 건강상태, 호르몬의 변동 그리고 건조한 계절적 요인 등에 의해 나타난 피부 상태를 말한다.

1) 건성 피부의 분류 및 특성

분 류		특 성
피지분비 부족형 (Alipic type)		- 대부분 모공이 작아보인다. - 비교적으로 흰 피부색을 갖고 있다. - 피부결은 섬세하다. - 가성 주름이 발달하기 시작한다.
수분 부족형 (Dehydrated type)	피부 표면 수분 부족형 (Superficial dehydrated type)	- 각질탈락 현상, 까칠하다. - 입 · 코 주위에 각질이 자주 발생한다. - 볼 부위 당김과 붉어지는 현상이 잦다(예민).
	피부 진피 수분 부족형 (Deep dehydrated type)	- 가성 주름이 발달한다. - 탄력저하로 피부가 쳐진다. - 진성주름(특히 눈, 입, 목)이 깊어 진다. - 색소침착 발생이 발생되기 쉽다.

2) 건성 피부의 원인

(1) 내적요인

외부방어력이 약한 흰 피부이며, 면역기능이 약화되고 호르몬의 불균형 상태이며, 질병, 스트레스에 노출되어 있으며 이는 연령 증가에 따른 생리적인 노화 현상이다. 진피 구조단백질인 콜라겐 섬유 조직의 약화되어 있다.

(2) 외적요인

바람, 한 · 냉 · 난방 등의 건조한 환경, 잦은 세안, 자외선 노출, 특정 물질 또는 약물에 대한 노출, 영양 결핍(비타민 A 부족, 심한 다이어트 등), 직업과 취미활동, 잘못된 화장품의 선택과 사용방법의 문제점(알콜, 스크럽제, 강알칼리, 뜨거운 물 등), 잘못된 식생활습관(수분섭취 부족, 술, 담배, 수면, 운동 등)으로 본다.

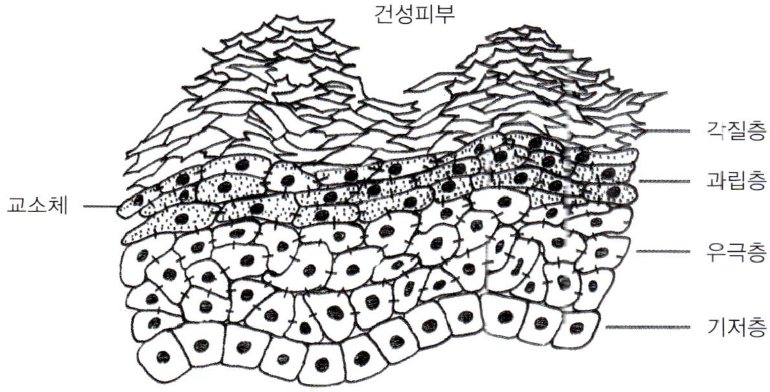

그림 4-2 건성피부의 표피 단면도

3) 건성 피부의 분석

(1) 견진시

결체조직(피부결)은 양호하고, 외관상 피부 소구능이 잘 발달되어 있지 않아 편평하고 얇아 심하면 피부가 부스러질 것 같은 느낌이 든다.

피지막의 형성장애로 피부표면 각질이 계속적으로 벗겨지는 낙설현상(미강진)을 일으킨다. 때로는 건조증으로 인한 소양감으로 자주 얼굴에 손이 가며, 속발진 증상 등을 일으킬 수 있다.

(2) 문진시

세안 후 당기는 느낌이 지속되고, 이 현상을 해소하기 위해 유분기가 많은 영양 크림류를 습관적으로 덧바르나, 당기는 느낌은 지속된다.

얼굴의 통통함과 피지 분비와는 무관하며, 피부 건조, 까칠, 흰 각질이 자주 일어난다. 피부에 유 · 수분이 부족한 상태라 노화현상이 빨리 나타나며, 입 · 눈가에 잔주름이 생기기 쉽다. 소양감을 유발하며, 메이크업이 잘 받지 않는다.

잔주름이 조금씩 부분적으로 생기기 시작, 탄력이 없으며 자고 일어나면 푸석푸석하고 건조하다.

실내외(근무환경) 일광 노출 유무, 생활습관 체크, 기초화장품 사용 방법 체크, 거주형태(중앙난방) 체크, 음료수 섭취량, 식사습관, 수면 형태여부, 최근 체중조절 유무, 질환 및 수술 유무를 파악한다.

(3) 촉진시

탄력이 저하되어 쳐지거나 유연성이 부족함을 체크할 수 있다.

- 뺨 주위 피부를 잡고 귀 방향으로 당겼을 때 늘어나는 편이다(콜라겐 문제).
- 손가락 끝으로 피부를 눌렀다 떼었을 때 원상 회복력이 느리다(엘라스틴 문제).

4) 건성 피부의 예방 및 관리방법

(1) 예방

- 지나친 수분증발 억제
- 충분한 수분섭취
- 일광 과다 노출을 피한다.

(2) 관리 방법

- 세안시 미온수 사용
- 과다한 세정제 사용자제
- 적절한 보습 및 영양

(3) 관리 목적

- 피부 장벽의 기능 회복
- 수분, 유분 공급
- 피부의 수분손실 조절
- 탄력 관리

(4) 관리 시간 및 횟수

- 관리시간 : 약 50분
- 횟　　수 : 주 1~2회씩, 5~10회 관리

표 4-4 건성 피부관리 프로그램(Dry skin treatment program)

<table>
<tr><th>단계</th><th>관리방법</th><th>사용기기 및 도구</th></tr>
<tr><td>point make-up cleansing</td><td>부분화장전용 클렌징 제품
젖은 화장솜에 적셔서 사용</td><td>화장솜, 면봉</td></tr>
<tr><td>cleansing</td><td>클렌징 로션 또는 오일 타입
가볍게 러빙 후, 해면(스펀지)으로 닦아낸다.</td><td>해면(스펀지)</td></tr>
<tr><td>tonic</td><td>피부타입에 맞는 토닉을 젖은 화장솜에 적셔
가볍게 닦아낸다.</td><td>화장솜</td></tr>
<tr><td>skin analysis</td><td>육안, 정밀 관찰로 자각증상 및 피부상태 평가</td><td>확대경, 우드램프
유 · 수분 측정기</td></tr>
<tr><td rowspan="2">deep cleansing</td><td>- scrub제(cream, powder형) : 가볍게 러빙
- enzyme제(cream, powder형) : 스팀 병행</td><td rowspan="2">스티머, 브러시,
해면(스펀지)</td></tr>
<tr><td>주 1회 딥 클렌징 실시</td></tr>
<tr><td>nutrition</td><td>수분, 콜라겐, 비타민 A 앰플
보습, 영양 앰플 도포 후 흡수</td><td>이온토프레시스
초음파기, 고주파기</td></tr>
<tr><td>massage</td><td>보습, 영양 크림 + essential oil(자스민 앱솔루트, 라벤더, 로즈우드, 샌들우드, 일랑일랑)
(순환 매뉴털 테크닉, 림프 드레나지 매뉴얼 테크닉)</td><td>볼, 스파튤라</td></tr>
<tr><td rowspan="2">mask / pack</td><td>콜라겐 벨벳, 알긴, 석고, 파라핀 마스크
필-오프 타입보다는 크림 타입이 좋다.</td><td rowspan="2">아이패드, 브러시, 볼
스파튤라, 해면(스펀지)</td></tr>
<tr><td>주 1~2회 보습 영양 마스크 실시</td></tr>
<tr><td>protection</td><td>보습토닉 → 보습 에센스 → 아이크림 → 보습크림 → 자외선 차단제</td><td>스파튤라</td></tr>
<tr><td>관리 point</td><td colspan="2">- 탈지유발 관리 피할 것(알콜 함유제품 사용 안함)
- 인위적 피지막 형성 필수, 기능 저하 주의
- 수분 유지(steamer 활용)</td></tr>
</table>

(5) 홈 케어

홈 케어(Home care)	
Day care	보습 클렌징 밀크 또는 물세안 + 보습 토닉 + 보습 에센스 또는 세럼 + 아이크림 + 보습 데이크림 + 자외선 차단제
Night care	부분화장 지우기 + 보습 클렌징 밀크 + 보습 토닉 + 에센스 또는 세럼(콜라겐, 히아루론산 함유) + 아이크림 + 보습 나이트 크림

(6) 유의사항

- 알칼리성 세정제 사용 자제
- 인위적인 피지막 형성 필수
- 피부 자극 주의를 피할 것.
- 적정한 실내온도(18℃)와 실내습도(40~60%) 유지
- 고온 및 저온 등에 과도한 노출 금지
- 단백질, 비타민 A 섭취 권장(간, 녹황색 채소)
- 다이어트시 주의

표 4-5 고객관리카드

고 객 관 리 카 드					
고 객 명		생년월일			
주 소					
연 락 처		성별			
방문동기		취미		직업	
복용중인 약물		병력			
건강상태 (현재)		피부관리 경험 여부			

피부타입 (Skin type)	정상 □ 건성 □ 지성 □ 복합성 □
피부두께 (Texture)	얇다(Fine) □ 정상(Normal) □ 두껍다(Thick) □
피부수분정도 (Skin moisture content)	낮다(Low) □ 보통(Average) □ 높다(High) □
혈액순환정도 (Skin blood circulation)	나쁘다(Pool) □ 보통((Average) □ 좋다(Good) □
근육 발달정도 (Muscle tone)	나쁘다(Pool) □ 보통(Average) □ 좋다(Good) □
피부 민감도 (Skin sensitivity)	정상(Normal) □ 민감(Sensitive) □ 매우 민감(Very sensitive) □
주름정도 (Lines)	표면주름(Superficial lines) □ 표정주름(Expression lines) □ 노화주름(Wrinkles) □

<table>
<tr><td rowspan="12">얼굴의
피부문제 표기</td><td rowspan="12">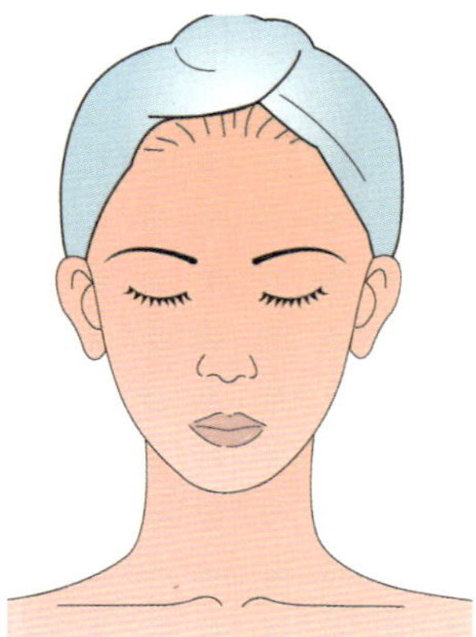</td><td>비화농성 여드름(Comedones)</td></tr>
<tr><td>구진(Papules)</td></tr>
<tr><td>농포(Pustules)</td></tr>
<tr><td>한관종(Milia)</td></tr>
<tr><td>주사(Rosacea)</td></tr>
<tr><td>모세혈관확장(Talangiectasis)</td></tr>
<tr><td>흉터(Scars)</td></tr>
<tr><td>켈로이드(Keloid)</td></tr>
<tr><td>과색소(Hyper-pigmentation)
- 주근깨(Freckles)
- 기미(Melasma)
- 갈색반점(Brown sports)</td></tr>
<tr><td>저색소(Hypo-pigmentation)</td></tr>
<tr><td>기타 :</td></tr>
</table>

표 4-6 실습보고서 1

실습보고서				
실습일자 :	피시술자(고객) :		시술자(관리자) :	
관리대상자의 피부상태				
관리목적				
실습과정(시술시간, 사용기기, 시술방법 기록)				

순서	관리단계	제품명 (화장품의 유형)	적용방법	적용범위 및 시간

사용기기	기기명	적용범위 및 시간	적용 방법	관리시 주의사항
피부 분석시				
피부 관리시				

실습과정 중 유의사항		
시술 결과	시술 전	
	시술 후	
Home care		

3. 예민 피부(Sensitive skin)

피부 과학적인 명확한 정의는 아직 없으나 일반적으로 자극성 물질, 환경변화 등의 외부 요인과 유전 등의 내부 요인으로 인해 정상인보다 더 민감하게 반응하여 피부가 쉽게 붉어지거나 염증 등이 나타나 피부 톤이 창백하고, 피부 조직이 섬세하고 얇아 피부 표면이 투명하게 보이는 피부상태를 말한다.

1) 예민 피부의 특성

기 준	특 성
피 부 결	- 피부 조직이 아주 얇고 투명하다.
유분상태	- 피지 분비가 부족하다.
수분상태	- 수분 함량이 부족하여 당기는 느낌이 매우 심하다. - 건조현상 지속시 예민피부 초래(Dry skin화)한다.
모공상태	- 모공은 육안으로 거의 보이지 않는다.
민 감 도	- 각질층의 보호 능력이 저하된다. - 피부 방어력이 떨어져 외부 자극에 민감하게 반응한다.
기 타	- 자외선의 자극으로 색소침착이 쉽다. - 홍반, 충혈, 염증 등의 증상이 쉽게 나타난다. - 냉, 열, 햇빛, 먼지, 환경오염물질, 기후 등에 예민하다. - 피부 톤이 균일하지 않고 얼룩져 보인다. - 색소침착, 조기노화, 피부염 등이 잘 생긴다. - 화장품 원료(색소, 향료)에 민감한 반응을 일으킨다.

2) 예민 피부의 원인

(1) 내적요인

① 유전적으로 피부조직이 얇고 투명하다.
② 소화 장애, 위염, 자극적인 음식, 급히 먹는 식습관 등의 만성적인 소화기 이상
③ 업무와 일상의 스트레스, 수줍음 등의 정신적인 요인이 말초신경을 자극함.
④ 생리 전, 임신, 갱년기에서의 여성호르몬 불균형

(2) 외적요인

① 화장품 원료(유기용매, 향료), 중금속, 절삭유, 강산, 강알칼리 등의 화학적 자극
② 냉, 열, 마찰 등의 물리적 자극
③ 박테리아 감염으로 피부 저항력 감소
④ 강한 계면활성제 등의 잘못된 세안습관
⑤ 다한증, 부신피질호르몬제, 화농성 여드름 후유증
⑥ 자외선, 기후 변화, 냉·난방, 유해가스, 꽃가루 등의 계절 변화 및 환경적 요인
⑦ 비타민, 칼슘, 마그네슘 등의 영양소 부족
⑧ 술, 담배, 뜨거운 음식, 매운 음식, 향신료 등의 과도한 섭취
⑨ 반복적인 피부 시술로 인한 자극
⑩ 어린이 피부는 대체적으로 예민

3) 예민 피부의 분석

(1) 견진시

- 결체조직(피부결)이 아주 얇고 투명하다.
- 모공이 작고 피부결이 섬세하다.
- 외부 자극에 민감한 반응(홍반, 충혈, 염증 등)이 쉽게 나타나 붉게 보인다.
- 피부 톤이 균일하지 않고 색소침착이 보인다.

(2) 식습관

- 급히 먹는 식습관 등으로 만성적인 소화기 이상이 있다.
- 뜨거운 음식, 자극적인 음식, 술, 담배 등의 과도한 섭취

(3) 문진시

- 세안 후 피부가 당기는 느낌이 심하다.
- 피부가 건조, 까칠하고 흰 각질이 자주 일어난다.
- 소양감 유발
- 화장품 원료 및 세안습관 체크
- 자외선, 냉·난방, 온도 변화와 같은 환경 요인 체크
- 피부 관리 및 시술 체크

안면 홍조 체크리스트

- ☐ 얼굴에 붉은 기가 조금씩 보인다
- ☐ 블러셔를 바르지 않았는데도 피부가 상기되어 있다
- ☐ 피부가 예민하고 건조한 편이다
- ☐ 사소한 온도, 감정 변화에 얼굴이 민감하게 반응한다
- ☐ 겨울이 되면 얼굴이 항상 붉어져 있다
- ☐ 토너나 로션을 손으로 바르면 바르는 동시에 얼굴에 자극이 생긴다
- ☐ 술을 마시면 얼굴이 화끈거리며 달아오른다
- ☐ 겨울철 외출 후 실내에 들어오면 얼굴이 붉어진다
- ☐ 붉어진 피부가 금세 진정되지 않는다
- ☐ 홍조와 함께 전신에 열과 땀이 난다
- ☐ 술을 마시지 않았는데도 술을 마셨냐는 질문을 받을 때가 있다
- ☐ 사우나나 찜질방에 가는 것을 즐기는 편이다
- ☐ 겨울철에는 자외선 차단제를 사용하지 않는다
- ☐ 볼 주위뿐 아니라 코나 입 주위도 붉어지는 편이다
- ☐ 맵거나 뜨거운 음식을 즐겨 먹는다
- ☐ 피곤하거나 잠을 잘 못 자는 스트레스가 반복된다

체크가 5개 미만이면 온도 차로 인한 일시적인 홍조증이니 진정팩 등을 해주는 것으로 효과를 볼 수 있다.

그러나 10개 이상이면 신진대사 불균형으로 인한 만성 홍조증이 의심되니 피부순환 개선을 위해 꾸준히 마사지를 해주고, 그래도 효과가 나타나지 않는다면 혈관 레이저를 이용한 케어가 필요하다.

4) 알러지, 트러블이 잘 생기는 피부(Allergy prone skin)

(1) 아토피 피부(Atopy skin) - 접촉한 면이 없어도 발생

신생아들에게서 가장 많이 발생하기에 흔히 태열이라 말하기도 한다. 유·소아에서 주로 발생하는 재발률이 높은 만성적 피부염으로써 소양증(가려움증)이 심한 습진이 발생한다.

① 원인

유전학적 요인(가족력), 혈청 면역글로불린(IgE) 증가에 따른 알러지 및 면역학적 요인, 비정상적인 혈관반응에 따른 약리 생리학적 요인

② 증상

대표적인 증상은 소양증(가려움증)이 심하며, 피부 건조, 발진, 습진, 인설 등이 동반되는 경우도 흔하며, 긁게 되면 2차 감염에 의해 증상이 더 악화되기도 한다. 건조한 피부는 소양증을 유발하고 더욱 건조하고 민감해져 아토피 피부의 악순환이 된다. 특히, 밤에 더욱 심해지면서 수면장애를 유발하기도 한다. 시기별 증상에 따라 급성기, 아급성기, 만성기로 구분한다.

- **급성기** : 심한 가려움증을 동반한 붉은 구진과 물집 형성
- **아급성기** : 긁어서 상처가 나고, 인설과 딱지 형성
- **만성기** : 피부를 반복적으로 긁음으로 태선화현상 유발

③ 예후

대부분 생후 2~3개월부터 5세 이전에 발생하여 증상이 나타나며, 유년기에 발생한 경우 대부분은 사춘기 전에 성장과 더불어 증상이 완화되거나 저절로 사라지나, 일부는 성인까지 지속되기도 한다. 증상이 심할수록 자연치유 확률이 낮다. 성인이 되어 피부가 건조하며 수부습진 등의 피부질환이 흔히 발생하기도 한다.

(2) 알러지 피부염(Allergy dermatitis) - 접촉한 면이 있어야 발생

원인물질(allergen)에 대해 피부에서 과민반응(hypersensitivity)을 보이는 것을 말한다.

① 원인

원인물질은 대부분 단백질로 구성되어 있으며, 집먼지 진드기, 꽃가루, 바퀴벌레, 곰팡이, 약물, 동물의 털, 음식물, 향료, 색소, 방부제, 금속, 고무 등으로 다양하다.

② 특성

한 가지 알러지 항원이 다양한 증상을 나타내기도 하고, 여러 종류의 원인 물질이 같은 증상을 나타내기도 한다. 백혈구 공격의 표적기관인 피부, 점막(코, 기관지)의 과민반응 때문에 알러지 항원이 없이 비특이적 자극에 의해서도 증상이 일어날 수 있다. 주로 접촉된 부위에 홍반이 생기며, 피부가 건조해져 각질이 일어나기도 한다. 통증과 가려움을 유발하기도 하며 심한면 얼굴이 붓기도 하고, 색소침착과 피부가 딱딱해지며 갈라지기도 한다. 신생아의 경우 식품, 특히 우유에 의한 위장관 알러지가 주를 이루다가 차츰 아토피 피부의 증상으로 바뀌어 가기도 하며, 3~4세부터는 천식이 증가하다가 학령기 중반 이후 성인이 되면 알러지 비염이 많아진다.

5) 예민 피부예방 및 관리방법

(1) 예방

- 지나친 수분증발 억제
- 급격한 온도 변화 주의
- 일광 과다 노출 금지
- 스트레스 감소
- 혈관 강화 비타민(C, P, K) 함유 식품 섭취
- 흡연, 알콜, 커피 등의 섭취 제한
- 탈지력이 높은 세안제 사용 자제
- 강한 필링이나 자극적인 요인 억제

(2) 관리 방법

- 세안시 미온수 사용
- 과다한 세정제 사용자제
- 적절한 진정 및 보습제 사용
- 림프드레나지시 충혈부위는 손대지 말고 시간은 짧게
- 피부 마찰 최소화
- 열을 이용한 시술 억제(적외선 램프, 스티머)

(3) 관리 목적

- 피부 장벽의 기능 회복
- 진정 및 보습 관리
- 세포 재생
- 각질 두께 정상화

(4) 관리 시간 및 횟수

- 관리시간 : 약 50분
- 횟　　수 : 주 1~2회씩, 5~10회 관리

표 4-7 예민 피부관리 프로그램(Sensitive skin treatment program)

단계	관리방법	사용기기 및 도구
point make-up cleansing	부분화장 전용 클렌징 제품을 젖은 화장솜에 적셔서 사용	화장솜, 면봉
cleansing	아쥴렌, 카모마일, 세라마이드 성분 등 진정성분들이 함유된 밀크 또는 무자극 젤 타입	해면(스펀지)
tonic	아쥴렌, 카모마일 성분이 함유된 토닉 무알콜 확인, 합성향 배제	스프레이 타입
skin analysis	육안, 정밀 관찰로 자각증상 및 피부상태 평가 - 문진을 통해 스트레스 여부, 세안 및 식생활 습관 체크	확대경, 우드램프, 유 · 수분 측정기
deep cleansing	예민용 크림 타입 T-zone 부위에만 가볍게 한다.	브러시, 해면(스펀지)
nutrition	알로에베라, 위치하젤, 아쥴렌 등의 진정, 보습 성분이 함유된 앰플이나 에센스	이온토프레시스
massage	아쥴렌, 카모마일 에센셜 오일 안티 스트레스 매뉴얼 테크닉, 림프드레나지	볼, 스파튤라
mask / pack	아쥴렌, 카모마일, 알로에, 큐컴버 등의 진정, 보습 성분 함유된 분말 또는 젤 타입 마스크	아이패드, 브러시, 볼 스파튤라, 해면(스펀지)
protection	토닉 → 진정, 보습 에센스 → 아이크림 → 진정, 보습 크림(수 · 유분 함유) → 자외선차단제(무자극)	스파튤라
관리 point	- 피부장벽 형성으로 면역력 강화 - 알러지 테스트를 거친 제품 사용 - 자외선 차단 필수	

(5) 홈 케어

홈 케어(Home care)	
Day care	예민용 클렌징 밀크 또는 물세안 + 진정&보습 토닉 + 예민용 에센스 + 아이(젤/크림) + 진정&보습 크림 + 자외선 차단제
Night care	부분화장 지우기 + 예민용 클렌징(밀크/젤) + 진정&보습 토닉 + 예민용 에센스 + 아이(젤/크림) + 재생크림(비타민, 미네랄 함유, 탄력 보강)

(6) 유의사항

- 피부 보호막 손상 주의
- 지나친 딥 클렌징 억제(주 1회 T-zone 부위만)
- 토닉 도포시 스프레이 타입 권장
- 앰플 등의 화장품 사용 시, 가능한 부드럽고 조심스럽게 동작
- 자극적인 마스크 금지(주 1회 진정용 마스크)
- SPF지수가 낮은 저자극 자외선차단제 사용
- 비타민 C, P, K가 함유된 식품 섭취 권장
- 급격한 온도 변화 주의

표 4-8 고객관리카드

고객관리카드					
고 객 명		생년월일			
주 소					
연 락 처		성별			
방문동기		취미		직업	
복용중인 약물		병력			
건강상태 (현재)		피부관리 경험 여부			

피부타입 (Skin type)	정상 □ 건성 □ 지성 □ 복합성 □
피부두께 (Texture)	얇다(Fine) □ 정상(Normal) □ 두껍다(Thick) □
피부수분정도 (Skin moisture content)	낮다(Low) □ 보통(Average) □ 높다(High) □
혈액순환정도 (Skin blood circulation)	나쁘다(Pool) □ 보통((Average) □ 좋다(Good) □
근육 발달정도 (Muscle tone)	나쁘다(Pool) □ 보통(Average) □ 좋다(Good) □
피부 민감도 (Skin sensitivity)	정상(Normal) □ 민감(Sensitive) □ 매우 민감(Very sensitive) □
주름정도 (Lines)	표면주름(Superficial lines) □ 표정주름(Expression lines) □ 노화주름(Wrinkles) □

얼굴의 피부문제 표기	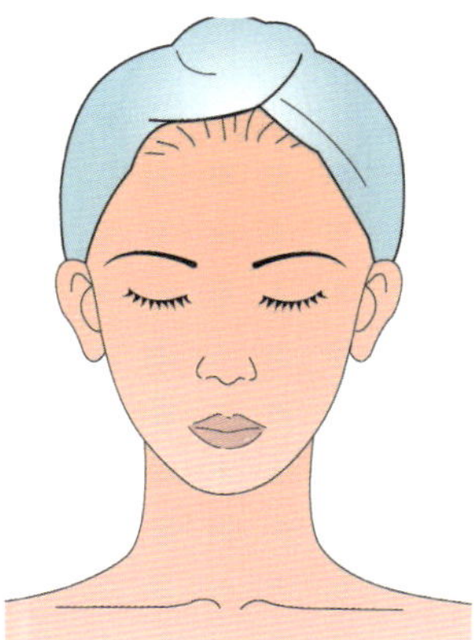	비화농성 여드름(Comedones)
		구진(Papules)
		농포(Pustules)
		한관종(Milia)
		주사(Rosacea)
		모세혈관확장(Talangiectasis)
		흉터(Scars)
		켈로이드(Keloid)
		과색소(Hyper-pigmentation) - 주근깨(Freckles) - 기미(Melasma) - 갈색반점(Brown sports)
		저색소(Hypo-pigmentation)
		기타 :

표 4-9 실습보고서 1

실습보고서

실습일자 : 피시술자(고객) : 시술자(관리자) :

관리대상자의 피부상태				
관리목적				
실습과정(시술시간, 사용기기, 시술방법 기록)				
순서	관리단계	제품명 (화장품의 유형)	적용방법	적용범위 및 시간

사용기기	기기명	적용범위 및 시간	적용 방법	관리시 주의사항
피부 분석시				
피부 관리시				

실습과정 중 유의사항		
시술 결과	시술 전	
	시술 후	
Home care		

4. 지성 피부(Oily skin)

피지선의 분비기능이 항진되어 정상보다 피지분비가 과도하게 분비되므로써 피부 표면이 번들거리며, 모공은 넓고 낙설작용이 제대로 되지 않아 두터워져 있고 피부를 통한 호흡기능이 떨어져 피부표면이 칙칙한 피부상태를 말한다.

이때 분비되는 피지가 모공 밖으로 제대로 배출되지 못하고, 모낭에 잔류하면 피부 병변의 원인이 되기도 한다.

1) 지성 피부의 특성

기 준	상 태
피 부 결	- 모구가 비교적 크며, 깊고 불규칙하다. - 피부 표면이 우둘투둘 거칠고 칙칙하고 번들거린다.
유분상태	- 정상피부에 비해 과도한 분비
수분상태	- 수분상태는 양호하다.
모공상태	- 피지 과다분비로 인해 모공이 넓다. - T-zone 부위에 black head가 있다.
민 감 도	- 외부 물리적 자극에 대한 저항성은 약하다.
피부특성	- 각질층이 두껍다. - 피부 표면에 불순물이 쉽게 묻는다. - 여드름 등의 문제성 피부로 전이될 수 있다. - 주로 대사 활동이 활발한 사춘기에 흔히 나타난다. - 과도한 피지분비로 화장이 쉽게 지워진다. - 피부노화가 다른 피부 유형에 비해 더디게 진행된다.

2) 지성 피부의 원인

과잉 피지분비는 내적 요인, 기온 상승과 같은 외적요인시 체온 항상성 유지상 피지선의 활동성 증가와 남성 호르몬 증가, 신경성 질병으로 인한 과잉 피지분비, 유전적 요인, 지방과 탄수화물 과잉 섭취, 난소 기능 장애, 비타민 B_2, B_6의 결핍, 약물 부작용, 과로, 불안, 스트레스, 잘못된 다이어트 반복 등의 영향으로 볼 수 있다.

3) 지성 피부 분석

(1) 견진시

- 소구가 깊고 소릉의 형태가 불규칙하다.
- 외관상 번들거리며 개방면포(black head)가 있으며, 흔히 모공이 넓다.
- 메이크업이 지속되지 못한다.
- 개방면포와 폐쇄면포가 발생하는 경우가 흔하고, 피부결(조직)은 좋은 상태이다.

(2) 문진시

습관적으로 잦은 세안을 한다. 지나친 탈지시 면포성 여드름이 심하고, 그중에는 시간이 경과함에 따라 화농현상도 흔히 나타내고 있다.

(3) 식습관

피지 분비에 영향을 끼치는 기름진 음식, 인스턴트 음식, 자극적인 음식은 피할 것.

(4) 관리시

피부 결체조직 보강, 보습 · 영양관리, 피지 과잉분비를 균형있게 유지시켜줌으로써 부드러운 피부결을 가질 수 있도록 관리하고, 안색은 맑게, 모공은 축소되어 보이게, 우둘투둘한 피부는 매끄럽게 관리한다.

4) 지성피부 예방 및 관리방법

(1) 예방

- 피지분비를 자극시키는 식품 자제
- 신선한 과일과 야채, 비타민제 섭취
- 기호식품, 지방의 과다섭취 자제
- 적절한 운동, 규칙적인 식습관, 스트레스를 피한다.

(2) 관리 방법

- 유 · 수분 밸런스 유지
- 피부 청결, 피지제거를 위한 청결 세정
- 피지제거팩 사용, 수분이 부족한 경우 보습팩과 겸용하여 사용
- 스티머, 스팀 타월을 이용해 죽은 각질 세포와 피지 제거, 수분공급
- 여드름, 개방면포 등 제거
- 피지 과잉 탈지시 건조 탈수현상 악화 요인
- 피지 분비의 정도에 따라 관리 방법을 달리 선택하여 관리
- 모공의 피지를 비워주는 마사지 병행 관리

(3) 관리 목적

- 불필요한 죽은 각질 제거
- 피부의 유 · 수분 밸런스 조절
- 피지분비과다로 인한 트러블 방지
- 수분부족으로 인한 트러블 완화

(4) 관리 시간 및 횟수

- 관리시간 : 약 50분
- 횟　　수 : 주 1~2회씩, 5~10회 관리

표 4-10 지성 피부관리 프로그램(Oily skin treatment program)

단계	관리방법	사용기기 및 도구
point make-up cleansing	부분화장 전용 클렌징 제품을 젖은 화장솜에 적셔서 사용	화장솜, 면봉
cleansing	클렌징 젤 또는 로션 타입 가볍게 rubbing 동작 실시 후, 해면(스펀지)으로 닦아낸다.	해면(스펀지)
tonic	피부 타입에 맞는 토닉을 젖은 화장솜에 적셔 가볍게 닦아낸다.	화장솜
skin analysis	- 육안, 정밀 관찰로 자각증상 및 피부상태 평가 - 지성피부의 경우 특히 문진을 통해 식사습관, 스트레스 여부 체크 중요.	확대경, 우드램프 유 · 수분 피지 측정기
deep cleansing	- scrub제(cream, powder형) : 가볍게 rubbing - gommage제 : 건조 후 가볍게 rubbing - enzyme제(cream, powder형) : 스팀 병행 - AHA제 (gel형) : 가볍게 도포	스티머, 석션기 브러시, 갈바닉 기기 해면(스펀지)
	주 1회 딥 클렌징 실시	
skin lotion	피부타입에 맞는 토닉으로 pH balance 유지 젖은 화장솜에 적셔 가볍게 닦아낸다.	화장솜
nutrition	캄파, 위치하젤, AHA, 지성용 앰플도포 후 흡수	이온토포레시스
massage	지성용 크림 + essential oil(클라리세이지, 사이프러스, 라벤더, 레몬, 주니퍼 베리) (림프드레나지, 피지배출 매뉴얼 테크닉)	볼, 스파튤라
mask / pack	머드, 씨위드, AHA, 캄파 마스크	
	주 1~2회 지성 · 여드름 마스크(팩) 교개 실시	
protection	토닉 → 피지분비조절 에센스 → 아이크림 → 피지분비조절 크림 + 보습크림 → 자외선 차단제	화장솜, 스파튤라
관리 point	- 유 · 수분 밸런스 유지 - 자외선 차단 필수(oil free 제품 사용) - 규칙적이고 올바른 식사습관	

(5) 홈 케어

홈 케어(Home care)	
Day care	지성 클렌징 젤 + 토닉 + 피지분비 조절 에센스 + 아이크림 + 피지분비 조절 크림 + 보습크림 + 자외선차단제(oil free 제품)
Night care	부분화장 지우기 + 지성 클렌징 밀크 또는 지성 클렌징 젤 + 토닉 + 피지분비 조절 에센스 또는 세럼 + 아이크림 + 피지분비 조절 크림 + 보습크림

(6) 유의사항

- 잦은 세안 금지(피지분비를 촉진시키거나, 피부 건조현상을 초래)
- 더운 환경에 노출금지
- 고칼로리 식이 제한
- 발한을 일으키는 자극적인 향신료, 알콜 섭취는 제한
- 유분 함량이 높은 화장품 사용주의

표 4-11 고객관리카드

고객관리카드

고 객 명		생년월일			
주　　소					
연 락 처		성별			
방문동기		취미		직업	
복용중인 약물		병력			
건강상태 (현재)		피부관리 경험 여부			

피부타입 (Skin type)	정상 □　건성 □　지성 □　복합성 □
피부두께 (Texture)	얇다(Fine) □　정상(Normal) □　두껍다(Thick) □
피부수분정도 (Skin moisture content)	낮다(Low) □　보통(Average) □　높다(High) □
혈액순환정도 (Skin blood circulation)	나쁘다(Pool) □　보통((Average) □　좋다(Good) □
근육 발달정도 (Muscle tone)	나쁘다(Pool) □　보통(Average) □　좋다(Good) □
피부 민감도 (Skin sensitivity)	정상(Normal) □　민감(Sensitive) □　매우 민감(Very sensitive) □
주름정도 (Lines)	표면주름(Superficial lines) □　표정주름(Expression lines) □ 노화주름(Wrinkles) □

얼굴의 피부문제 표기		
	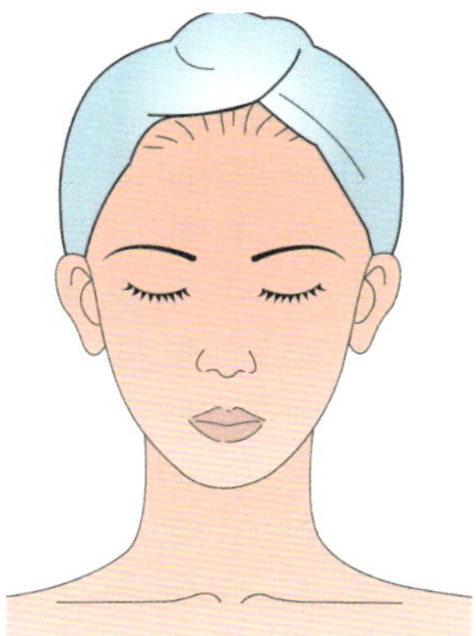	비화농성 여드름(Comedones)
		구진(Papules)
		농포(Pustules)
		한관종(Milia)
		주사(Rosacea)
		모세혈관확장(Talangiectasis)
		흉터(Scars)
		켈로이드(Keloid)
		과색소(Hyper-pigmentation) - 주근깨(Freckles) - 기미(Melasma) - 갈색반점(Brown sports)
		저색소(Hypo-pigmentation)
		기타 :

표 4-12 실습보고서 1

실습보고서

실습일자 :　　　　　　피시술자(고객) :　　　　　　시술자(관리자) :

관리대상자의 피부상태	
관리목적	

실습과정(시술시간, 사용기기, 시술방법 기록)

순서	관리단계	제품명 (화장품의 유형)	적용방법	적용범위 및 시간

사용기기	기기명	적용범위 및 시간	적용 방법	관리시 주의사항
피부 분석시				
피부 관리시				

실습과정 중 유의사항		
시술 결과	시술 전	
	시술 후	
Home care		

5. 복합성 피부(Combination skin)

피부 분비량이 균형을 이루지 못하고 얼굴 부위에 따라 서로 다른 2가지 이상의 피부 상태가 함께 복합적으로 공존하는 피부상태를 말한다.

1) 복합성 피부의 특성

부 위	특 성
피 부 결	- 전체적으로 일정하지 않다.
유분상태	- T-zone : 피지분비가 많다. - U-zone : 피지분비가 부족하다.
수분상태	- T-zone : 적당하다. - U-zone : 부족하다.
모공상태	- T-zone : 모공이 넓다. - U-zone : 잘 보이지 않는다.
민 감 도	- T-zone : 민감도가 낮다. - U-zone : 민감하다.
T-zone	- 면포나 여드름 등의 증상 - 피부의 pH가 알칼리 성향을 띄고 있다. - 정상피부의 경우보다 각질화가 심하다. - 일반적으로 지성 또는 여드름 피부의 성향
볼과 눈	- 건조하며 수분이 부족하여 잔주름을 형성한다. - 외부자극에 민감하다. - 모공의 섬세, 모세혈관확장 - 피부의 pH는 산성의 성향 - 일반적으로 건성피부의 성향
교차부위	- 교차부위 피부의 pH정도가 서로 달라 매우 예민, 민감하다. - 피부 상태가 민감, 피부 표면의 각질이 일어나는 경우가 생긴다.

2) 복합성 피부의 원인

유전적 요인과 호르몬 변화(사춘기, 임신, 피임약 복용 등), 잘못된 피부관리법, 신진대사의 문제, 건강상태의 악화, 비타민 결핍, 오염된 공기와 주변 환경, 스트레스 등의 여러 가지 원인을 가지고 있다.

3) 복합성 피부의 예방 및 관리방법

(1) 예방

- 세안제는 너무 건조하지 않게 보습제가 충분히 함유된 제품 사용
- 각 부위에 맞는 제품을 알맞게 선정하여 효율적인 피부관리 실시

(2) 관리 방법

- 부위에 따라 관리 방법을 나누어 실시
- 딥 클렌징의 경우, T-zone은 피지 분비 조절이 우수한 제품 사용, 볼과 눈 부위는 부드러운 제품 사용
- 효소 필링의 경우, 부위마다 시간차를 두어 트러블이 생기지 않게 주의
- 오존을 이용한 스티머 사용 가능(볼 부위의 모세혈관이 확장된 경우는 그 부위를 젖은 화장솜으로 가린 후 사용)
- 마사지 전, 보습 마스크나 각 부위에 알맞는 앰플을 사용
- 마사지 역시 부위에 맞는 제품을 사용하여 실시

(3) 관리 목적

- 각 부위에 맞는 관리 방법 선택
- 피부의 유·수분 밸런스 조절
- 충분한 보습 관리
- 트러블로 인한 문제 예방 및 완화

(4) 관리 시간 및 횟수

- 관리시간 : 약 50분
- 횟　　수 : 주 1~2회씩, 5~10회 관리

표 4-13 복합성 피부관리 프로그램(Combination skin treatment program)

단계	관리방법	사용기기 및 도구
point make-up cleansing	부분화장 전용 클렌징 제품을 젖은 화장솜에 적셔서 사용	화장솜, 면봉
cleansing	클렌징 젤 또는 로션 타입 가볍게 rubbing동작 실시 후, 해면(스펀지)으로 닦아 낸다.	해면(스펀지)
tonic	피부 타입에 맞는 토닉을 젖은 화장솜에 적셔 가볍게 닦아낸다.	화장솜
skin analysis	육안, 정밀 관찰로 자각증상 및 피부상태 평가 - 문진, 견진, 촉진으로 피부상태 파악	확대경, 우드램프 유 · 수분 측정기
deep cleansing	- scrub제(cream, powder형) : 가볍게 러빙 - gommage제 : 건조 후 가볍게 rubbing - enzyme제(cream, powder형) : 스팀 병행 중 선택	스티머, 석션기 브러시, 갈바닉 기기 해면(스펀지)
	주 1~2회 딥 클렌징 실시 (T-zone 부위 2회, U-zone 부위 1회 정도)	
nutrition	부위별 앰플 사용(상황에 따라 필요한 앰플 사용) 가벼운 핸드링으로 시술 / 기기로 흡수	이온토포레시스
massage	보습크림 + 지성 크림 + essential oil(제라늄, 라벤더, 메롤리, 팔마로사, 로즈우드, 샌달우드) (순환 매뉴얼 테크닉)	볼, 스파튤라
mask / pack	상황에 따라 선택한다(유 · 수분의 상태를 파악) T-zone : 정화팩 (캄퍼, 씨위드, 머드 마스크) U-zone : 보습팩 (moisture, hydro) 도포 후 15~20분간 방치 후, 젖은 해면으로 깨끗이 제거한다. 필요에 따라 마스크를 섞어 사용하며, 응용도 가능함	아이패드, 브러시 스파튤라, 볼
	주 1회 정도 피부 유형에 맞는 마스크(팩) 실시	
protection	토닉 → 복합성 에센스 → 아이크림 → 복합성 데이 크림 → 자외선 차단제(피부상태에 따라 관리제품 선택사용)	화장솜, 스파튤라
관리 point	- 유 · 수분 밸런스 유지 - 팩, 마스크류 사용시 부위에 맞는 제품 선택 - 규칙적이고 올바른 식사습관	

(5) 홈 케어

홈 케어(Home care)	
- 부위에 맞는 제품 선택 - 2가지 이상의 피부가 관찰되므로 부위별 관리에 중점을 둔다.	
Day care	클렌징 젤 + 보습용 토닉 + 복합성 보습용 에센스 또는 세럼 + 아이크림 + 보습용 데이 크림 + 자외선 차단제 (oil free 제품), (피부상태에 따라 화장품 선택 사용)
Night care	부분화장 지우기 + 클렌징 젤 + 보습용 토닉 + 보습용 에센스 또는 세럼 + 아이크림 + 보습용 나이트 크림(아로마 오일 함께 사용), (피부상태에 따라 화장품 선택 사용)

(6) 지시사항

- T-zone, U-zone의 각 다른 관리 방법으로 주의하여 관리할 것
- 잦은 세안 금지
- T-zone부위 피지제거 집중관리
- U-zone부위 보습관리와 영양공급 관리
- 자외선 차단제 사용(oil free 제품)

표 4-14 고객관리카드

고객관리카드					
고 객 명		생년월일			
주 소					
연 락 처		성별			
방문동기		취미		직업	
복용중인 약물		병력			
건강상태 (현재)		피부관리 경험 여부			

피부타입 (Skin type)	정상 □ 건성 □ 지성 □ 복합성 □
피부두께 (Texture)	얇다(Fine) □ 정상(Normal) □ 두껍다(Thick) □
피부수분정도 (Skin moisture content)	낮다(Low) □ 보통(Average) □ 높다(High) □
혈액순환정도 (Skin blood circulation)	나쁘다(Pool) □ 보통((Average) □ 좋다(Good) □
근육 발달정도 (Muscle tone)	나쁘다(Pool) □ 보통(Average) □ 좋다(Good) □
피부 민감도 (Skin sensitivity)	정상(Normal) □ 민감(Sensitive) □ 매우 민감(Very sensitive) □
주름정도 (Lines)	표면주름(Superficial lines) □ 표정주름(Expression lines) □ 노화주름(Wrinkles) □

<table>
<tr><td rowspan="11">얼굴의 피부문제 표기</td><td rowspan="11">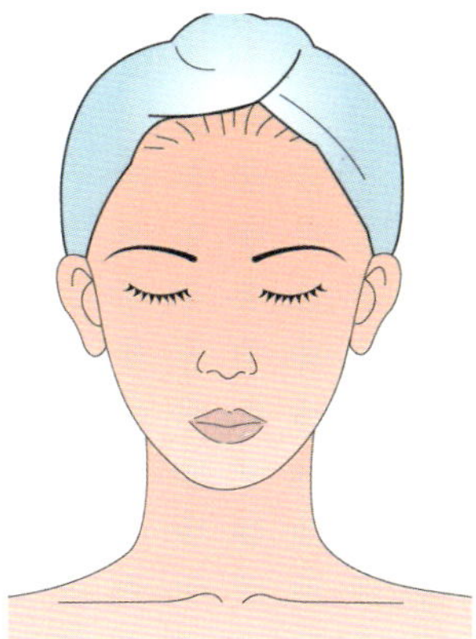</td><td>비화농성 여드름(Comedones)</td></tr>
<tr><td>구진(Papules)</td></tr>
<tr><td>농포(Pustules)</td></tr>
<tr><td>한관종(Milia)</td></tr>
<tr><td>주사(Rosacea)</td></tr>
<tr><td>모세혈관확장(Talangiectasis)</td></tr>
<tr><td>흉터(Scars)</td></tr>
<tr><td>켈로이드(Keloid)</td></tr>
<tr><td>과색소(Hyper-pigmentation)
- 주근깨(Freckles)
- 기미(Melasma)
- 갈색반점(Brown sports)</td></tr>
<tr><td>저색소(Hypo-pigmentation)</td></tr>
<tr><td>기 타 :</td></tr>
</table>

표 4-15 실습보고서 1

실 습 보 고 서

실습일자 : 피시술자(고객) : 시술자(관리자) :

관리대상자의 피부상태	
관리목적	

실습과정(시술시간, 사용기기, 시술방법 기록)

순서	관리단계	제품명 (화장품의 유형)	적용방법	적용범위 및 시간

사용기기	기기명	적용범위 및 시간	적용 방법	관리시 주의사항
피부 분석시				
피부 관리시				

실습과정 중 유의사항		
시술 결과	시술 전	
	시술 후	
Home care		

6. 여드름 피부(Acne skin)

1) 정의

사춘기에 주로 발생하는 모피지선 단위(pilosebaceous unit)의 만성 염증성 질환으로 면포, 홍반성 구진, 농포, 결절, 낭종 등의 형태로 피지 분비가 많은 얼굴, 목, 등, 가슴에 나타나며 만성 피지선 염증 질환의 일종으로 성별과 연령에 따라 다양하다.

2) 발생과정

테스토스테론 호르몬→피지선 자극→피지분비→박테리아 활동→과각화 & 정체현상→여드름 생성

(1) 테스토스테론 호르몬(Testosteron hormone)

① 고환에서 분비되는 호르몬으로 간에서 환원되어 소변으로 배설된다.
② 테스토스테론의 활성은 환원 효소인 5α-reductase 작용으로 활성이 더욱 강력한 남성호르몬인 디하이드로테스토스테론(dihydrotestosteron, DHT)으로 전환된다.
③ 피지선 난포의 성숙과 난포에 부착된 피지선을 자극한다.
④ 남성은 주로 고환에서 생산되고 여성은 난소와 부신에서 일부 생성된다.

(2) 피지선(Sebaceous gland)

① 모낭과 연결되어 있고 털부위에 있는 피지선(기름샘)은 털세움근(입모근) 위쪽에 붙어 있는 분비선으로 짧은 배출관을 통해 피부 표면으로 피부기름(피지, sebum)을 분비한다.
② 피지선은 모공 속에서 포도송이 모양 5~6개 정도 크기의 피지가 생성되는 곳으로 손바닥, 발바닥을 제외한 전신의 피부에 존재한다.
③ 피지선 난포(sebaceous follicle)는 피지 등이 쉽게 나올 수 없게 되면 그 부산물 등이 모공 내에 쉽게 쌓이게 된다.
④ 기름샘(피지선)의 크기는 보통 털의 굵기에 반비례하고 남성이 여성에 비해 피지선의 크기가 크고, 피지 분비량도 많다.

⑤ 피지선의 기능

- 표피의 신축성과 유연성 조절에 관여
- 피부 중화능
- 이물질, 감염, 자극, 가려움증 등 방어 기능
- 물을 흡수하고 투과시켜 수분 보유력 조절
- 표피의 수분 증발과 발한을 억제하여 체온 유지

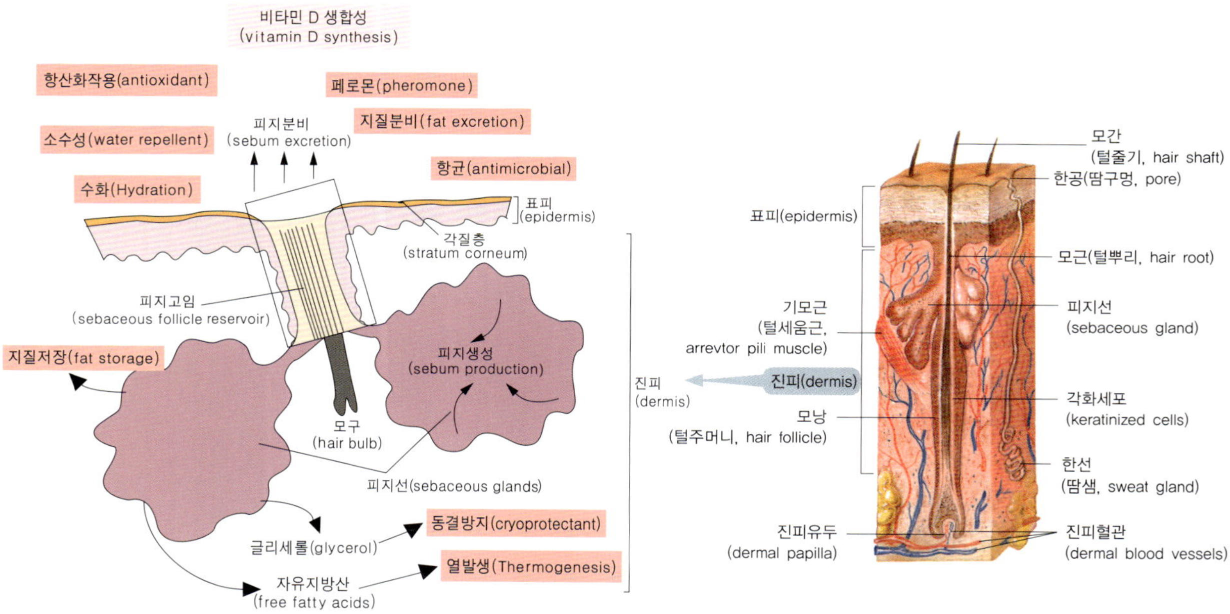

그림 4-3 피지선 난포(Sebaceous follicle)

(3) 피지(Sebum)

① 피지선에서 분비되는 기름을 피지라고 하며, 여드름 발생은 과도하게 분비되는 피지양때문이고 피지 분비 균형이 상실되면 건성피부, 여드름 등의 피부 이상이 유발된다.

② 적당한 피지 분비량은 하루에 1~2 mg정도이며 신체 부위별로 분비량이 다르다.

③ 화학적으로 피지는 지질(lipid)의 복합체이다.

④ 피지는 TG(triglyceride), 왁스, 지방산, 스쿠알렌, 디글리세라이드, 콜리스테롤 에스터, 콜레스테롤로 구성되어 있다.

⑤ 피지의 생성 및 분비

- 일반적으로 피지는 여성보다 남성에게서 많이 생성
- 청소년기까지 지속적으로 분비가 증가하나 성인이 되면서 일정하게 유지
- 노년(여성)이 되면 피지 생성이 감소
- 피지선에는 많은 혈관이 분포되어 있어서 피지가 땀어 의해 확산되다가 일정한 두께가 되면 분비 정지
- 테스토스테론은 피지 분비 증가
- 피지는 피지선에서 분비되어 모낭내로 배설되며, 털이나 모낭벽을 따라 피부 바깥으로 분비
- 피지의 분비는 나이, 외부 환경의 온도, 건강 상태에 따라 영향
- 과도한 피지 분비는 여드름이나 염증 유발

♣ 피부에서의 피지 구성 성분과 천연보습인자의 구성

피지(sebum)		천연보습인자(NMF)	
성분	%	성분	%
트리글리세라이드	41	아미노산	40
왁스	25	무기질	18.5
지방산	16.4	피로인산나트륨	12
스쿠알렌	12	젖산염	12
디글리세라이드	2.2	유기산	8.5
콜레스테롤 에스터	2.1	요소	7
콜레스테롤	1.4	글루코스아민	1.5
		구연산	0.5

(4) 박테리아(Bacteria)

① 난포 내에 사는 박테리아는 혐기성 박테리아(Anaerobic bacteria)로 대표적인 균주로는 프로피오니박테리움 아크네(Propionibacterium acne, P.acne)이다. 피지의 TG (triglyceride)를 유리지방산인 리포퍼록사이드(lipoperoxide)로 가수분해되고, 염증단계를 촉진시키는 지방분해 효소인 리파아제(lipase)가 분비되어 지방산과 glycerol로 분해된다.

② 박테리아는 모든 사람의 모공 속에 존재하고 자체로서 여드름을 발생시키지 못한다. 단지, 활동 중 부산물로 배출되는 지방산이 모공을 자극하여 여드름을 악화시킨다.

③ 박테리아의 활동 중에 문제가 되는 것은 지방산이라는 부산물로서, 지방산이 모공을 자극하여 여드름을 악화시킨다. 각질층이 탈락되고, 테스토스테론이 분비되고, 피지 분비를 시작하게 하여 박테리아가 피지를 먹이로 하는 과정은 정상적인 과정이다. 이 모든 과정이 여드름을 일으키게 하지는 않지만 여드름의 시작과 여드름 발생의 촉진역할을 하게 된다.

④ 피지선과 모낭에 영향을 주어 블랙헤드, 화이트헤드, 염증을 유발하는 Acne vulgaris와 깊은 낭종, 계속 일어나는 여드름 상처와 같은 몇몇 형태를 유발하는 Acne conglobeta와 같은 균도 피부에 존재한다.

(5) 과각화와 정체현상(Retention hyperkeratosis)

① 모공의 입구가 죽은 각질들이 증가되어 더욱 좁아지거나 막히는 경우를 말한다.

② Dr. Albert Kligman에 의하면 리텐션 하이퍼케라토시스 현상은 다른 정상적인 피부 타입보다 죽은 각질들의 생성속도가 4~5배 빠르며, 심하면 20배까지 빠르게 진행된다고 한다. 이는 모든 사람에게 적용되는 증상은 아니고 특정인 유전적인 가족력을 띠는 피부 상태를 말한다.

③ 정체현상은 모공 안에서 각질이 쌓여 피지가 모공 밖으로 나가지 못하고 퇴화된 hair, 모공내 존재하는 박테리아와 그 부산물 등이 뭉쳐진 것으로 이렇게 만들어진 것들이 과각화로 과도하게 생긴 각질들과 엉겨서 모공 내 덩어리를 만드는 것이 여드름의 시작이다. 이는 중년에도 여드름으로 고민하는 경우에 모든 여드름 발생원인으로 피지 분비가 여드름 생성의 근본적 원인으로 작용하지 못한다는 공식이 성립한다.

3) 여드름의 발생 요인

(1) 심리적 요인

동물의 경우 스트레스와 불안감을 느끼면 털을 곤두세우거나 피부에서 피지가 급격하게 분비되어 발생하고, 사람의 경우는 심리적 압박에 의해서 피지선이 활발히 활동하여 피지량의 분비가 증가하여 여드름이 발생한다.

스트레스는 부신피질 자극 호르몬에 영향을 주어 부신에서 코티졸의 분비를 증대시키면 인체면역기능이 억제되어 모공내 염증반응이 생기기 쉽다.

(2) 감각적 요인

자극성 물질에 대한 감각반응으로 맵거나 짠 음식, 중추신경 흥분시키는 카페인 등은 신경을 자극하여 피지선 활동을 촉진시켜 과다한 피지를 분비시킨다.

(3) 내분비 요인

안드로겐, 테스토스테론 등의 남성 호르몬은 피지선을 자극하여 과다한 피지를 분비한다. 이는 사춘기 활발한 내분비 활동과 관련이 있으며 사춘기에 발생하는 여드름의 주요 발생요인이 된다.

대표적 남성호르몬인 테스토스테론은 남성 고환의 정세관 사이의 간질세포에서 분비되는 것으로 생화학적 반응에 의해 안드로스테론으로 전환되어 피지선을 자극한다. 또한 부신피질의 가장 속층인 망상대는 그물모양의 불규칙 세포가 존재하며 이곳에서 성호르몬인 안드로겐(androgen)을 분비한다.

(4) 생리적 요인

피지 분비에서 있어서 피지량을 조절하는 것은 매우 중요한 문제이다.

피지생성 요인으로는 첫째로 케라티나제이션 과정 중 생성되는 피지로 죽은 세포층이 여러 겹으로 쌓여 세포들을 접착시키게 되는데 이로인해 죽은 세포 탈락을 어렵게하여 여드름을 유발한다. 둘째, 피지선에서 분비되는 피지에 의한 것으로 모낭 속에 축적된 피지는 세균에 감염되기 쉬워 여드름 발생이 쉽다.

(5) 물리적 요인

모낭관 입구 폐쇄가 주요 원인으로 모낭관 입구가 개방되어 있으면 피지가 배출되어 모낭 내 피지 축적을 방지하지만 모낭관 출구가 막히게 되면 여드름 생성이 용이하다.

첫째, 모낭벽 표피의 각질화 과정이 정상보다 빨라 각질층 세포 조직이 떨어져 나와 피지와 혼합되어 모낭관 입구에 정체됨으로써 발생한다.

둘째, 피지가 모낭 내에 오래 머물러 지방산으로 산화되어 굳어지게 되면 모낭과 모낭관 입구 막게 되는 경우 발생한다.

셋째, 메이크업 등 화장품 잔여물이 모낭관 입구를 막을 때 발생한다.

넷째, 클린징 등이 제대로 이루어지지 않아 먼지 등이 모낭관 입구를 막음으로써 발생한다.

(6) 화학적 요인

피부의 정상적인 산성도(pH)는 약산성의 특징을 가지고 있으나 피부의 pH 농도가 알칼리화되면 여드름 발생이 용이하다. 피부 표면의 피지가 피부를 덮고 있는 시간이 길어지면 피부의 pH는 박테리아가 서식하기 적당한 조건인 알칼리 상태가 되어 세균 등의 모낭관 입구를 통한 모낭 내 침투가 증가하여 모낭 내 감염을 용이하게 한다. 또한, 모낭 내 피지의 지방 산화를 일으키는데 피지가 액상 상태이면 모낭관 출구 배출이 쉬우나, 지방산으로 굳어지면 고형화되어 배출이 어려워져 여드름이 잘 발생한다.

(7) 세균학적 요인

감염 증상으로 박테리아는 피지를 먹이로 급속히 번식하여 염증반응을 일으켜 여드름을 발생시킨다.

> ♣ 여드름의 화농반응으로 난포 벽이 파열되는 5가지 이유
>
> - 스트레스
> - 수면 부족
> - 생리 전 증후
> - 여드름 혼자 짜기
> - 유전적으로 약한 난포

4) 여드름의 등급

여드름의 상태는 필라델피아의 필즈버리 박사(Dr. Donald Phillsbury)가 사용했던 여드름의 4가지 등급을 기본으로 하여 Dr. Fulton의 수정된 등급 방식으로 구분한다. 여드름의 심각한 정도에 따라 등급을 나누는 것은 관리 계획을 쉽게 하기 위한 것이다.

(1) 1등급(Grade 1)

블랙헤드(black heads)와 화이트헤드(white heads)로 구성된 가장 양호한 등급.

보통 사춘기 때 나타나는 여드름 초기 증세. 사람에 따라서 호전되거나 더욱 악화되어 심각한 여드름 피부로 발전할 수 있다.

(2) 2등급(Grade 2)

블랙헤드로 변하지 않고 단단하게 뭉쳐진 화이트헤드가 얼굴 전체에 분포되어 있다. 성숙 정지 여드름(maturation arrest acne)이라고 한다. 닫혀 있는 입구를 열기 위해 각질 제거가 이뤄져야 하고, 이 과정에서 세균에 감염되어 화농성 여드름으로 발전할 가능성이 있으며 가장 관리하기 어렵다.

(3) 3등급(Grade 3)

전문가나 병원을 가장 많이 찾는 등급.

주로 구진 여드름과 농포 여드름으로 구성되어 있고 화이트헤드와 블랙헤드가 약간씩 있다.

(4) 4등급(Grade 4)

거의 모든 형태의 여드름을 다 가지고 있다. 구진, 농포, 소결절 여드름 및 가장 심한 여드름인 낭포 여드름이 주로 있으며 화이트헤드와 블랙헤드도 존재한다. 심한 화농 반응으로 인해 얼굴이 매우 붉고, 자주 빛을 띠는 곳도 있다.

잠재적으로 흉터가 가장 많이 생기는 등급이나, 강력한 여드름 관리에 의해 가장 빠르게 반응을 보인다.

5) 여드름의 종류

(1) 심상성 여드름(Acne vulgaris)

전형적인 경증의 여드름으로 사춘기 청소년의 85%에서 관찰된다. 일반적으로 사춘기가 더 일찍 시작되는 여자가 남자보다 빨라 여자는 14~16세 남자는 16~19세에 발생빈도가 높고 20대 중반부터 보통 소실되기도 하지만, 최근에는 25세 이후까지 지속되거나 새로 발생하는 성인기 여드름이 증가하는 경향이 나타난다.

여드름을 확인할 수 있는 가장 흔한 방법은 면포의 존재유무를 확인하는 것이다. 여드름 병변은 비염증성, 염증성 병변으로 구분되고, 비염증성 병변인 면포는 모낭상피의 각질화로 인해 각질과 피지가 정체되어 생성되며, 개방면포와 폐쇄면포로 구분된다. 폐쇄면포는 작은 구진의 형태로 구멍이 없고 염증의 전구 병변으로 작용하기에 임상적으로 중요하다.

전형적인 경증의 여드름은 면포가 주 병변이지만, 심한 경우는 구진과 농포가 주가 되고 중등도 이상에서는 결절과 낭포가 나타난다. 결절이나 낭포는 주로 남자에서 흔하고 깊이 위치한 여러 결절들이 연결되어 굴길(sinus tract)을 형성하기도 하는데 이로 인한 후유증으로 색소침착이 1년 이상 지속될 수 있고, 농포와 결절은 구진, 농포와 달라 치유된 후에도 영구적인 흉터를 남겨 여드름 자체보다 이후 미관상 문제를 초래하기도 한다.

(2) 응괴성 여드름(Acne conglobata)

중증의 여드름으로 대부분 지성피부를 가진 18~30세의 성인 남성에게 발생하여 40~50세까지 지속된다. 간혹 여성에게도 발생할 수 있고, 백인이 동양인과 흑인에 비해 발생 빈도가 높다고 알려져 있다. 주로 등이 가장 심하고, 가슴, 어깨, 뒷목에 발생하며 엉덩이, 팔, 허벅지에도 발생하기도 하지만 얼굴 부위는 심하지는 않다.

응괴성 여드름은 여러 개의 융합된 개방면포와 서로 연결된 굴길을 갖는 큰 농양, 점액성 체액 등을 함유하고 있는 낭종, 군집된 결절을 특징으로 하는 염증성 질환이다. 병리학적으로 심한 염증으로 모낭이 파괴되고 모낭주위에 다수의 림프구, 다형핵구와 형질세포가 침윤되어 농양을 형성한다. 염증성 종괴 주위로 상피세포가 증식하여 서로 연결되어 농루관이 만들어 진다. 응괴성 여드름이 치유되면 위축성, 켈로이드성 흔적이 남기도 한다.

(3) 열대성 여드름(Acne tropica)

덥고 습한 계절인 여름철에 발생하는 심한 여드름을 말한다. 면포와 농포는 없거나 약간만 보이고, 결절, 낭종, 농포선 병변이 등, 엉덩이, 허벅지에 주로 발생한다. 열대성 여드름은 이전 사춘기에 여드름을 경험한 사람에게 발생빈도가 높다.

각질형성세포의 수화에 의해 피지관의 폐쇄, 피지 분비 장애가 촉진시킨다. 봄에 시작하여 여름에 극에 달하고 가을에 저절로 깨끗해지는 형상을 띄는 드물게 발생하는 여드름이다.

(4) 영아 여드름(Acne infantum)

신생아기에 발생한 여드름이 신생아기를 지나 지속되는 경우와 생후 4주 후 처음 여드름이 발생하는 경우를 말한다. 흔히 발생하지는 않지만 생후 2~3개월, 18개월 사이에 주로 발생하며 남자아기에서 흔하다. 가족력이 있고, 짧고, 자연적으로 소실되는 신생아 여드름과 다르게 오래 지속되며 치료가 잘 되지 않는다.

주로 얼굴에서 나타나며 폐쇄면포, 개방면포, 구진 농포가 발견되지만 결절, 농포가 보이기도 한다.

(5) 찰상 여드름(Acne excoriee)

여드름의 대부분은 손가락을 이용해 면포나 농포를 짠다. 그러나 여드름이 심하지 않은 젊은 여성에게 표재성 가피가 있는 찰상의 염증성 병변을 보이는 경우를 찰상성 여드름이라 한다. 찰상은 주로 손톱으로 뜯어 붉은 미란과 가피가 형성되고 반흔과 염증후 색소침착이 보인다. 찰상성 여드름은 자신이 찰상을 일으켰다는 것을 부정하거나 잊어버리게 되므로 이 경우 피부 손상이 일어났을 경우에만 발생한다는 것을 인지시켜야 한다.

♣ 여드름 확인 판별

여드름의 가장 흔한 증거는 면포다. 모낭염과 주사 등과 감별에 있어 중요한 점으로 여드름의 특징적인 병변인 면포는 면포모반, Favre-Racouchot 증후군에서 발견되기도 한다. 폐쇄면포의 확인은 시진, 촉진으로 확인되며, 시진법은 우드램프를 이용하여 판별하는데 우드램프에서 P.acne에서 생성되는 포르피린(protoporphyrin)때문에 모낭내 오렌지색 또는 적색의 모공성 형광이 관찰된다. 촉진법은 피부를 양쪽으로 잡아 당겨보면 쉽게 판별가능하다.

6) 여드름 피부의 일반적 특징

① 모낭벽과 모낭관의 표피 각질화가 왕성하다.
② 모낭 내 축적된 피지는 모낭벽을 자극하여 표피의 각질화를 더욱 촉진시키고 떨어진 죽은 세포가 모낭 입구를 막는다.
③ 블랙, 화이트 헤드가 곳곳에 산재하여 피부표면이 고르지 못하다.
④ 구진성 뾰루지가 자주 나타나고, 농포성 여드름 및 결절성 여드름이 나타나며, 더욱 악화되면 낭포성 여드름이 나타난다.
⑤ 염증 부위가 붉게되어 발열현상과 홍반이 나타난다.
⑥ 여드름 부위의 피부가 매우 예민해진다.
⑦ 안색이 전반적으로 우중충하고 푸르죽죽해 보인다.
⑧ 여드름 흉터가 남을 수 있다.
⑨ 감염 부위에 통증이 있다.
⑩ 피부 표면의 산성도가 알칼리성을 띤다.
⑪ 모공 입구가 열려 있어 표면이 귤껍질처럼 보인다.
⑫ 수분이 부족해 보이고, 피부조직이 두꺼우며 복잡해 보인다.
⑬ 피부를 눌러보면 모공에서 하얀 피지가 국수가락처럼 튀어나온다.
⑭ 외모적 컴플렉스로 성격이 소극적이고 내성적으로 변하게 되는 경우가 있다.

7) 여드름 악화 요인

① 스트레스 : 뇌하수체 전엽에서 분비되는 부신피질자극 호르몬(ACTH)은 부신과 남성의 고환에서 분비되는 호르몬인 안드로겐과 테스토스테론(남-부신 : 10%, 고환 : 90%)에 의해 피지선을 자극시킨다.

② 햇빛 : 과각질화를 진행시켜 모공을 막히게 한다.

③ 기후와 계절 : 습기와 열은 각질층을 부풀게하여 무게와 압력에 의해 모공내의 난포벽이 약화되어 염증을 일으키기 쉬워진다.

④ 압력과 마찰 : 반복적인 압력과 마찰은 숙성되지 않은 여드름 난포를 자극하여 더 빨리 성숙시키거나 난포벽을 파열시킬 수 있어 자극을 받은 특정 부위에 여드름이 악화될 수 있다.

⑤ 혼자 여드름 짜기 : 여드름을 최소한의 자극으로 제거하기 위해서는 정확한 모공 위치를 확인하여 모공방향으로 최대한 크게 입구를 뚫어주어야 한다. 잘못 추출하게되면, 짜는 압력으로 인해 난포벽이 파열되어 백혈구의 공격으로 여드름이 더욱 심하게 곪게 된다.

⑥ 산업용 기름과 화학물질 : 가장 강력한 것은 제초제로 쓰이는 다이이옥신, 콜타르, 피치 등을 주고 사용하는 직업군에서 발생하는 여드름으로 이는 직업을 바꾸지 않는 한 계속 여드름이 유발된다.

⑦ 음식 : 피지선을 자극하여 많은 양의 피지를 분비하여 여드름을 악화시키는 인자로 간주하지만 식품자체에 함유된 요오드(I)나 호르몬은 극히 소량으로 인체에 영향을 미치기 어렵다. 예를 들어 요오드 함유량이 비교적 많다고 알려진 미역, 다시마, 해조류, 소금, 야채, 소의 간, 비타민, 미네랄 등과 테스토스테론과 디하이드로테스토스테론같은 호르몬 함유 음식인 땅콩 기름, 옥수수유, 밀배아유 등이 직접적으로 여드름을 발생시키지는 않는다. 하지만, 이런 음식 섭취로 인한 심적 부담감은 스트레스로 작용하여 더 큰 악화요인으로 작용할 수는 있다.

⑧ 약 : 스테로이드제제, 테스토스테론 주사나 알약, 여성 생식 이상에 처방되는 다나졸과 다너크린, 우울증치료제인 리튬, 항경련제인 딜란틴, 마리화나, 무좀약 등은 여드름을 유발하는 성분으로 고객과 처음 상담시 복용 약과 건강상태를 체크하는 것이 중요하다.

⑨ 월경 주기 : 여드름 증상이 있는 여성의 60~70%가 생리 전 7~10일 사이에 여드름 악화를 호소한다. 악화요인으로는 에스트로겐과 프로게스테론 호르몬이 원인이다. 이를 해결하기 위해서는 개인의 생리 주기를 파악하여 생리 일주일 전부터 피지조절 등 여드름 발생을 예방하기 위한 방법을 시행해야 한다.

⑩ 임신 : 임신 후 3개월동안 여드름이 심해진다. 이는 호르몬의 변화에 의해 발생하는데 프로게스테론 분비가 증가하고, 에스트로겐 분비가 감소된다. 6개월 후부터 대다수의 여드름이 사라진다. 임신중 여드름 관리는 태아에 영향을 미치므로 기존 관리법이 아닌 태아에 위해가 가지 않은 범위에서 피지조절과 여드름 제거 등 가벼운 관리를 필요로 한다.

♣ 프로게스테론(Progesterone)

시상하부의 유리 호르몬과 뇌하수체 전엽의 성선자극 호르몬(난포자극호르몬과 황체형성 호르몬)에 의해 조절된다. 여성의 여드름은 대부분이 황체호르몬의 분비가 높은 월경 10일 전부터 월경하는 날까지, 그리고 임신 초기 3개월 정도까지의 기간에 여드름이 악화된다.

⑪ 피임약 : 안드로겐이 함유 피임약은 여드름을 유발한다.

⑫ 화장품 : 코메도제닉 화장품은 모공 속에서 여드름 덩어리를 형성하는 능력이 있다. 화장품에 의한 여드름은 작고 화이트헤드 형태가 주를 이루고 볼과 턱주위, 이마 등에 나타난다. 또한, 특정제품의 경우 사용 후 6개월 경과 후에 나타나는 경우도 있어 어떤 성분과 제품이였는지 파악하기 어려운 경우도 있다.

♣ 여드름 유발 물질(Comedogenic)

- 라놀린(lanoline)
- 미네랄 오일(mineral oil)
- 바세린(petrolatum)
- 유동 파라핀(liquid paraffins)
- 이소프로필 미리스테이트(isopropyl myristate)
- 이소프로필 팔미테이트(isopropyl palmitate)
- 부틸 스테아레이트(butyl sterate)

8) 여드름 피부관리를 위한 활성성분

여드름에 효과가 있는 성분은 첫째로 여드름 박테리아 살균에 효과가 있는 성분과 둘째, 화농성 여드름과 여드름 추출 후 진정시키는 효능이 있는 성분이 있으며, 관리시에는 피지 분비를 억제하는 관리가 병행되므로 이 관리를 실시하면 피부 수분 증발이 가속화되어 건조함을 경험하게 되므로 보습관리를 함께 병행해주어야 여드름 관리 후 정상피부로의 환원을 기대할 수 있다.

(1) 살균, 탈지, 항염 효과

① 알파하이드록시산(Alpha hydroxy acid : AHA)

- 각질세포와 각질세포사이의 접착물질을 용해시켜 각질탈락을 촉진시키는 작용
- 레틴 A와 유사한 원리를 가지고 Retention hyperkeratosis를 해결하지만, 레틴 A 보다는 자극과 부작용이 훨씬 적어 보다 광범위하게 편안하고 안전하게 사용
- 수용성 물질로서 피부에 수분을 공급하는 작용
- 사탕수수, 포도, 사과 등 일반 과일 등에서 추출한 과일 추출액으로서 영양공급과 보습과 더불어 여드름 관리 효과
- 모공을 지속적으로 열어줄 수 있기 때문에 여드름 형성을 미리 예방

② BHA(β-hydroxy acid)

- 항비듬제, 살균, 소독(antiseptic) 및 피지억제 작용이 커서 염증성 여드름에 효과
- 상록 나무에서 추출하며 자연에서 추출한 살리실산(salicylic acid)이라고도 함 화장품으로 0.5~2% 농도까지 사용
- 각질용해(keratolytic) 효능
- 지용성 용매제로서 오일을 용해시키는 특징이 있어, 모공속의 피지(sebum)를 용해하여 감소시키는 효과
- 방부제(preservative)로 사용되기도 하며, 항균제(antimicrobial) 혹은 살균 및 소독제(antiseptic)로 사용
- 필링제 및 스케일링제로 많이 애용되고 있으며, 클렌징에도 소량 넣어 일상적으로 사용

③ 유황(Sulfur)

- 각질 탈락, 피지 억제, 살균 작용이 있어 염증성 여드름에 효과
- 여드름 부위를 건조시켜 신속히 가라앉게 하는 작용
- 오일과 수분을 흡수하는 뛰어난 흡착력을 이용하여, 여드름 부위에만 집중적으로 사용하면, 여드름 적출시 배출되는 분비물을 재빨리 건조시켜 여드름 진행을 중단시킴
- 박테리아를 살균하는 항균 효능과 각질세포들을 분해하여 감소시키는 효능도 있어, 모공의 입구를 열고 깨끗하게 청소하는 작용

④ 티트리 오일(Tea tree oil)

- 매우 강력한 향의 에센셜 오일 성분으로서 오스트레일리아가 원산지인 melaleuca alternifolia라는 나무의 잎과 가지에서 추출
- 천연성분으로 항균효능(antibacterial)과 항진균효능(antifungal)
- 화상, 베인 상처(cuts), 벌레물린데 그리고 여러 피부질환들에 오래전부터 사용
- 염증, 습진, 기생충 감염, 건선 및 여러 상처부위들 외에 방광염에도 사용

♣ 여드름 피부에 많이 사용되는 에센셜 오일

버가못, 제라늄, 쥬니퍼 벨리, 라벤더, 레몬, 라임, 만다린, 네롤리, 팔마로사, 페티그레인, 로즈마리, 로즈 오토, 샌달우드, 카모마일

⑤ 캄퍼(Camphor)

- camphor 나무의 잔가지나 잎에서 cinnamomum camphora라는 장뇌오일을 추출한다. 중국과 일본 지역에서 방부제와 항염제로 매우 흔하게 사용되는데, 최소한 50년 이상 오래된 나무에서 스팀 증류법을 이용해 추출
- 피지조절, 항염증, 살균, 수렴, 방부 작용으로 여드름, 지성 피부에 많이 사용
- 피부에 국소적으로 사용하면 차가운 냉동효과
- 유칼립투스, 멘톨과 유사한 향을 가지며, 강한 향을 이용해 향신료나 방향제로도 사용

⑥ 효소(Enzymes)

- 여드름의 모공을 덮고 있는 죽은 각질들을 제거하기 위해 다양한 효소들이 사용됨
- 파파인은 열대지방에서 자라는 과일인 파파야에서 추출되며, 죽은 단백질에만 작용하는 강력한 단백질 분해성분으로, 살아있는 피부 조직에는 전혀 해가 없음

- 브로멜라인(bromelain)은 파인애플에서 추출되는 단백질 분해효소로 펩신, 트립신과 함께 단백질을 아미노산으로 분해하는 작용을 하는 효소 중 일부임.

⑦ 퓨러화잉 머드(Purifying clay-mud, clay)

- 지성, 여드름 피부에 정화효과를 주기 위해 사용되는 성분
- 팩(mask)제로 되어 있어 피지와 불순물들을 흡착하고, 표피의 천연보습인자(NMF) 수준을 상승시켜(미네랄 복합성분으로) 수분 보유력을 높여주는 효과
- 벤토나이트 : 백색토(white clay)라고 불리며 북미지역에서 주로 산출
- 카올린 : china clay라고 불리며 구성성분들은 bentonite와 유사하나 중국을 비롯한 아시아 지역에서 생산
- 그린 클레이 : 구 유럽지역, 즉 알프스 및 그 주변지역에서 많이 산출
- 블랙 머드 : 이스라엘 사해(dead sea)에서 산출되는 염분이 고농축되어 있는 특수 머드로서 검은빛을 띄고 있어 블랙 머드라 불림

⑧ 벤조일 퍼록사이드(Benzoly peroxide)

- 피부에 활성산소를 방출함으로서 모공 속에서 서식하는 박테리아를 살균하는 작용
- 항염증 작용, 각질용해작용(keratolytic effect)과 각질을 탈락시키는 작용을 하여 과각화 현상을 개선
- 함유량과 사용량을 높이면 피부에 필링작용
- 구진과 농포에 주로 사용

⑨ 녹차 추출물(Green tea extract)

- 피부 세정, 항염증 및 항산화작용 뛰어남
- 여드름 피부, 지성피부, 아토피 피부에 효능이 있으며 미백 효과

⑩ 비타민 B_2(Riboflavin)

- 항산화, 해독작용이 있으며, 피부염 및 지루성 피부염 치료에 효과
- 손 · 발톱, 모발의 건강을 유지하는데 도움

⑪ 비타민 B_6(Pyridoxine, 피리독신)

피지 분비억제, 지성, 지루성 피부에 효과적이며, 여드름 피부, 알러지 피부 및 접촉성 피부염에 효과

⑫ **레몬 추출물(Lemon extract)**

- 레몬 열매를 추출한 것으로 탈지, 수렴, 보습, 세포재생작용

⑬ **쇠뜨기 추출물(Horsetail extract)**

- 쇠뜨기(속새)줄기에서 추출한 것으로 항염증, 항알러지, 칼슘의 흡수촉진 작용
- 사포닌 성분의 함유로 지성, 여드름 피부에 효과
- 피부와 모발을 부드럽게 함

⑭ **호스 채스트넛 추출물(Horse chestnut extract)**

- 마로니에(marronnier)열매와 잎에서 추출
- 주성분인 에스신(escin)은 사포닌 성분의 일종으로 항염 작용, 햇빛에 의한 화상 방지제로 사용
- 해열 작용, 수렴 효과

(2) 보습, 진정 효능

① **콜라겐(Collagen)**

- 진피의 주요 성분으로 보습력이 높음
- 자외선과 열에 약하여 쉽게 파괴
- 진피층까지 침투되어 피부의 노화, 주름 방지에 효과가 있으며, 피부의 탄력, 보습, 상처 치유에 좋음

② **엘라스틴(Elastin)**

피부 진피의 주성분으로 탄력을 부여

③ **글리세린(Glycerin)**

- 주로 비누 제조과정에서 나오는 부산물로 물에 잘 녹고 수분을 흡수하는 성질이 있어 보습제로 사용되고 끈적임이 심함
- 석유에서 추출되는 알콜류의 일종

④ **솔비톨(Sorbitol)**

- 글리세린 대체물질로 보습력이 우수한 고분자 화합물로 끈적임이 크며 독성이 없음

⑤ 소듐 피로리돈 카르복실릭 애시드(Sodium pyrrolidone carboxylic acid)

- 천연보습인자(NMF)의 주요성분
- 보습력이 우수하며 피부 자극이 적음

⑥ 아미노산(Amino acid)

천연보습인자(NMF)의 주성분으로 보습력이 뛰어나고 피부자극이 없음

⑦ 세라마이드(Ceramide)

- 각질층 지질의 주요성분으로 피부에서 자연적으로 생성되며 동,식물에서 추출
- 보습, 유해물질 침투 방어, 각질 세포의 접착제 역할을 하며 피부 자극이 없음

⑧ 히알루론산(Hyaluronic acid)

- 진피의 기질의 무코 다당류의 주요성분으로 많은 양의 수분을 흡수할 수 있어 보습 효과가 큼
- 과거에는 주로, 닭벼슬, 동물 탯줄에서 추출했으나 최근에는 유전자배양을 통해서 얻어짐

⑨ 레시틴(Lecithin)

- 세포 구조와 대사 작용을 하는 인지질의 하나로, 보습제, 유연제로 주로 사용되며 리포좀의 원료 및 천연 유화제로 사용되며, 콩, 계란 노른자에서 많이 추출

⑩ 알로에(Aloe)

- 수분함유능이 뛰어나 보습력이 매우 우수
- 항염증, 유연, 진정작용. 항알러지 작용
- 건성, 노화피부에 보습효과 부여
- 화농성 여드름 및 민감성 피부에 진정, 항염, 치유작용
- **다른 성분의 효능을 배가시켜주는 기능**
  : 앨로인(aloin), 안트라퀴논(anthraquinone), 당단백질(glycoproteins), 스테롤(sterols), 사포닌(saponin), 알부민(albumin), 정유(essential oil), 규소(silica), 미량원소(trace elements, iron), 유기산, 다당류 등을 함유

9) 여드름의 관리

(1) 여드름 관리

- 피지분비 감소
- 비정상적인 과각화증 억제
- 모낭내 박테리아 감소
- 염증반응 억제

(2) 여드름 발생단계에 따른 관리

① 블랙, 화이트 헤드

- 관리가 가장 안되는 여드름으로 철저한 크린싱이 필수
- 표피박리 요법, 박피 요법 실시
- AHA, sulfa 등의 활성성분 이용하면 효과적으로 제거 가능
- 피지분비 억제요법(피지 분비억제 화장품 사용, 자극적 음식, 지방질, 카페인 식품 피함)을 함께 실시하면 효과적

② 화농성 여드름

- 철저한 피부 세정과 청정 요법이 병행
- 살균 철저히
- 필링 요법 실시
- 보습, 집중적인 영양 공급(여드름 관리시 건조함을 경험)
- 여드름 상처나 흉터가 남지 않도록 관리

10) 생활습관에서 유의사항

- 규칙적인 생활과 식사 권장
- 과일, 채식 섭취량 증가
- 인스턴트 식품 제한
- 정신적 스트레스 해소에 주력
- 충분한 휴식
- 피부에 상처가 나지 않도록 주의
- 두터운 화장 피함
- 손은 항상 청결히 하고 얼굴에 손대지 않도록 함
- 세탁시 옷에 세제가 남아있지 않도록 충분히 헹굼
- 화학 섬유로된 옷은 가능한 피함

여드름 피부관리 프로그램 (Acne skin treatment program)

Ⅰ. 여드름 피부 일반관리(Acne skin basic treatment)

(1) 관리 목적

- 사춘기 여드름 관리
- 비염증성(블랙헤드, 화이트헤드) 및 염증성 여드름 관리
- 피지 분비가 왕성한 시기이므로 피지를 감소시킬 수 있는 관리
- 관리 단계의 단순화(관리비용을 가능하면 저렴하게)
- 홈 케어로 연결하여 여드름 관리효과를 지속적으로 유지

(2) 관리 시간 및 횟수

- 관리시간 : 약 30~40분
- 횟　　수 : 상태에 따라 주 1~2회, 10회 관리

표 4-16 여드름 피부 일반관리 프로그램(Acne skin basic treatment program)

단계	관리방법	사용기기 및 도구
point make-up cleansing	- 부분화장전용 클렌징 제품 - 젖은 화장솜에 적셔서 사용	화장솜, 면봉
cleansing	- 여드름 전용 클렌징 젤 타입 - 메이크업 제거, 과잉피지 분비 제거 후 해면(스펀지)으로 닦아낸다.	화장솜, 면봉, 해면(스펀지)
tonic	- 알콜 제품보다는 알로에나 위치하젤(천연 아스트린젠트 함유) 토닉을 사용	화장솜
skin analysis	- 육안, 정밀 관찰로 자각증상 및 피부상태 평가 - 문진을 통해 스트레스 여부, 세안 및 식생활습관 체크	확대경, 우드램프 유 · 수분 측정기
deep cleansing	- AHA 또는 BHA 등이 함유된 제품 사용 - 죽은 각질을 부드럽게 제거	브러시 해면(스펀지)
nutrition	- 천연 항염효과가 있는 티트리 오일(tea tree oil) 혹은 식물성 추출물을 사용 - acne(anti-sebum) 앰플 사용(박테리아 작용 억제효과)	
massage	acne cream + essential oil(버가못, 제라늄, 주니퍼 벨리, 라벤더, 레몬, 라임, 만다린, 네롤리, 팔마로사, 페티그레인, 로즈마리, 로즈 오토, 샌달우드, 카모마일) : 림프드레나지, 피지배출 매뉴얼 테크닉	볼, 스파튤라
mask / pack	- 면포 추출로 인해 피가 나고, 진물(oozing)이 나있는 상태이므로 피부를 말끔하게 해 주고, 붉어진 부위를 진정시켜 안색을 맑게 한다. - paste 형태의 마스크(고함량 머드)를 도포 후 10~15분 후에 제거한다. 썰파를 주성분으로 하여 멘톨, 캄퍼, 보습제, 알로에, 알란토인 등이 함유된 마스크	아이패드, 브러시 스파튤라, 고무볼
protection	토닉 → 여드름 젤 또는 여드름 전용 에센스 → 아이 젤 또는 아이크림 → 여드름 전용 크림 → 자외선 차단제(oil free)	화장솜, 스파튤라
관리 point	- 피지 분비 억제 - 자외선 차단 필수 (oil free 권장) - make-up은 모공을 막지 않는 지성 피부 전용 파운데이션 사용 또는 알란토인 함유 파우더	

(3) 홈 케어

홈 케어(Home care)	
Day care	여드름전용 클렌징 젤 + 수렴 토닉 + 여드름용 에센스 또는 세럼 + 아이크림 + 피지조절 크림 + 자외선 차단제
Night care	부분화장 제거 + 수렴 토닉 + 여드름용 에센스와 보습 세럼 + 아이크림 + 피지조절 크림

(4) 지시사항

- 잦은 세안 금지(피비 분비를 촉진시키거나, 피부 건조현상을 초래)
- 비누사용 자제(약산성 젤 세안제로 교체)
- 글리콜산, 살리실산 함유 제품 추천, 예민시 알로에 또는 진정 성분 함유 제품 추가
- 국소 도포제 사용(글리콜산, 살리실산, 썰파 함유 겔)
- 수용성 영양크림 사용
- 피부상태에 따라 주 1~2회 딥 클렌징 실시(피지 및 각질제거)
- 주 1~2회 여드름 마스크 실시(피지 제거, 면포 억제)
- 유분 함량이 높은 화장품 사용 주의

II. 노화 및 건성 여드름 피부관리
(Mature & Dehydrated acne skin treatment)

(1) 관리 목적

- 사춘기 이후의 여드름 피부는 전체적으로 노화 및 건성상태로 접어들지만, 여드름이 군데군데 지속적으로 올라오는 경우이다.
- 피지 과다 분비가 원인이 되는 경우보다 각질이 잘 떨어져 나가지 않아 모공이 막혀 여드름이 나는 경우가 많다.
- 주로 스트레스 및 생활 리듬의 불균형이 원인이다.
- 복합피부 상태를 띄고 있다(여드름 관리와 더불어 수분, 진정 관리 병행).

(2) 관리시간 및 횟수

- 관리시간 : 약 40~50분
- 횟　　수 : 상태에 따라 주 1~2회, 10회 관리

표 4-17 노화 및 건성 여드름 피부관리 프로그램 (Mature & Dehydrated acne skin treatment program)

단계	관리방법	사용기기 및 도구
point make-up cleansing	부분화장전용 클렌징 제품 젖은 화장솜에 적셔서 사용	화장솜, 면봉
cleansing	여드름 전용 로션 또는 건성용 클렌징 로션 타입	화장솜, 면봉, 해면(스펀지)
tonic	아줄렌, 알로에, 오이, 알란토인 함유된 토닉	화장솜
skin analysis	육안, 정밀 관찰로 자각증상 및 피부상태 평가 : 문진을 통해 스트레스 여부, 세안 및 식생활습관 체크	확대경, 우드램프 유·수분 측정기
deep cleansing	효소 필링 : 파우더 타입 또는 크림 베이스 과일산 성분들이 함유	브러시, 해면(스펀지)
1차 mask / pack	paste 형태의 마스크(머드 함량이 높아야 함) - 그린 클레이 또는 멘톨 함유 마스크 - 식물성 성분 또는 아로마 성분이 함유되면 더욱 좋다.	아이패드, 브러시 스파튤라, 고무볼
nutrition	- 천연 항염 효과가 있는 티트리 오일(tea tree oil) 이나 식물성 추출물을 사용 - 수분 앰플, 박테리아 작용 억제 효과를 가진 앰플 사용	
massage	essential oil + non comedogenic 크림 여드름 상태에 따라 매뉴얼테크닉	볼, 스파튤라
2차 mask / pack	콜라겐벨벳, 진정 or 보습력 높은 모델링 마스크 크림타입의 보습용 팩	아이패드, 브러쉬, 스파튤라, 고무볼
protection	수렴토닉 → 여드름 젤 또는 여드름 전용 에센스 → 아이젤 또는 아이크림 → 피지조절 크림 또는 보습 크림 → 자외선 차단제(oil free 제품)	화장솜, 스파튤라
관리 point	- 자외선 차단 필수(oil free 제품 권장) - make-up은 모공을 막지 않는 수용성 파운데이션 사용 & 알란토인 파우더	

(3) 홈 케어

홈 케어(Home care)	
Day care	여드름전용 클렌징(젤/폼) + 수렴 토닉 + 여드름용 에센스(피지조절)와 수분세럼(수분공급) + 아이(젤/크림) + non comedogenic 크림 + 자외선 차단제(oil free 제품)
Night care	부분화장 지우기 + 여드름전용 클렌징 + 수렴 토닉 + 여드름용 부분 gel(피지, 면포 억제)과 수분세럼 + 아이(젤/크림) + non comedogenic 수분크림

(4) 지시사항

- 잦은 세안 금지(피지 분비를 촉진시키거나, 피부 건조현상을 초래)
- 비누사용 중단(약산성 젤 세안제로 교체)
  : 글리콜산, 살리실산 함유 추천, 예민시 알로에나 진정 성분 함유 추천
- 국소 도포제 사용(글리콜산, 살리실산, 썰파 함유 젤)
- 피부상태에 따라 주 1회 딥 클렌징 실시(각질제거)
- 주 1~2회 여드름 마스크 실시(피지 제거, 면포 억제)
- 영양 크림과 에센스
  : 피부의 당김을 느끼기 시작하고 잔주름이 생기기 시작하는 단계이므로 보습크림이나 영양 에센스를 많이 필요
  : 면포 유발 성분이 아니면서 여드름에 영향을 주지 않는 보습성분이나 영양성분이 함유되어 있는 크림 또는 에센스 추천

표 4-18 고객관리카드

고 객 관 리 카 드					
고 객 명		생년월일			
주 소					
연 락 처		성별			
방문동기		취미		직업	
복용중인 약물		병력			
건강상태 (현재)		피부관리 경험 여부			

피부타입 (Skin type)	정상 □ 건성 □ 지성 □ 복합성 □
피부두께 (Texture)	얇다(Fine) □ 정상(Normal) □ 두껍다(Thick) □
피부수분정도 (Skin moisture content)	낮다(Low) □ 보통(Average) □ 높다(High) □
혈액순환정도 (Skin blood circulation)	나쁘다(Pool) □ 보통((Average) □ 좋다(Good) □
근육 발달정도 (Muscle tone)	나쁘다(Pool) □ 보통(Average) □ 좋다(Good) □
피부 민감도 (Skin sensitivity)	정상(Normal) □ 민감(Sensitive) □ 매우 민감(Very sensitive) □
주름정도 (Lines)	표면주름(Superficial lines) □ 표정주름(Expression lines) □ 노화주름(Wrinkles) □

얼굴의 피부문제 표기	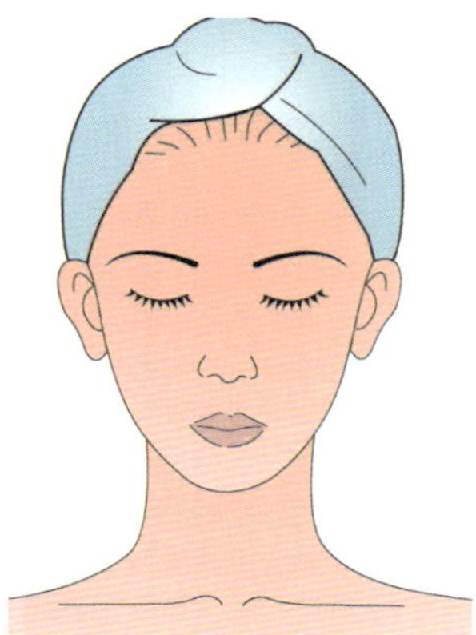	비화농성 여드름(Comedones)
		구진(Papules)
		농포(Pustules)
		한관종(Milia)
		주사(Rosacea)
		모세혈관확장(Talangiectasis)
		흉터(Scars)
		켈로이드(Keloid)
		과색소(Hyper-pigmentation) - 주근깨(Freckles) - 기미(Melasma) - 갈색반점(Brown sports)
		저색소(Hypo-pigmentation)
		기타 :

표 4-19 실습보고서 1

실 습 보 고 서

실습일자 : 　　　　피시술자(고객) : 　　　　시술자(관리자) :

관리대상자의 피부상태	
관리목적	

실습과정(시술시간, 사용기기, 시술방법 기록)

순서	관리단계	제품명 (화장품의 유형)	적용방법	적용범위 및 시간

사용기기	기기명	적용범위 및 시간	적용 방법	관리시 주의사항
피부 분석시				
피부 관리시				

실습과정 중 유의사항		
시술 결과	시술 전	
	시술 후	
Home care		

표 4-20 실습보고서 2

실 습 보 고 서

실습일자 : 피시술자(고객) : 시술자(관리자) :

피시술자의 피부상태	
관리목적 및 기대효과	

일자	순차	관리기록	책임자명

<table>
<tr><td colspan="2">실습과정 중 유의사항</td><td></td><td>얼굴 문제점 표시</td></tr>
<tr><td rowspan="2">시술 결과</td><td>시술 전</td><td></td><td rowspan="2">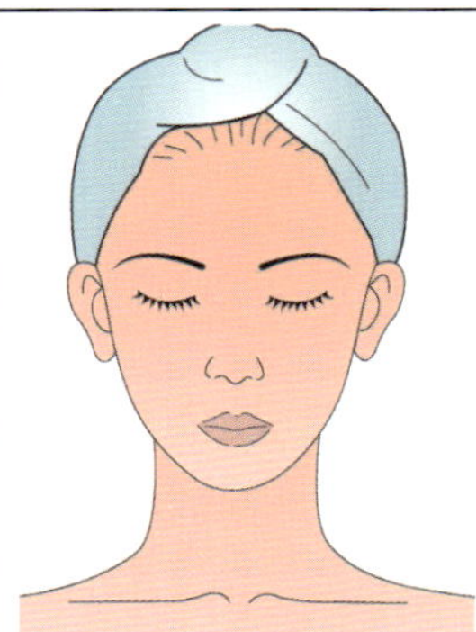</td></tr>
<tr><td>시술 후</td><td></td></tr>
<tr><td colspan="2">Home care</td><td colspan="2"></td></tr>
</table>

7. 색소침착 피부(Pigmentation skin)

1) 정의

색소침착은 크게 과색소침착(hyperpigmentation)과 저색소침착(hypopigmentation)으로 나눈다.

과색소침착은 멜라닌(melanin)이 자외선으로부터 피부를 보호하기 위한 자기 보호 작용에 의해 생성증가하게 되는데, 이때 멜라닌 색소가 과다하게 침착하게 되면 과색소침착피부(hyperpigmentation skin)라고 하며. 이와 반대로 색소가 저조하면 저색소 침착피부 (hypopigmentation skin)라고 한다.

색소가 과침착되어 나타나는 형태에 따라 기미(chloasma), 주근깨(freckle), 갈색반점(brown spot) 등으로 분류하며, 색소가 저조하여 나타나는 형태에 따라 백색증과 백반증으로 분류할 수 있다.

2) 자외선 피부침투와 피부반응

자외선은 자연적이든 인공적이든 피부에 영향을 끼친다. 자외선은 환경적 인자, 생리적 인자에 의해 다르게 받아 들여진다. 외적환경으로는 지구상의 위치, 고도, 계절, 시간대, 입사각도, 주변반사 물질, 내적환경으로는 인종, 나이, 성별, 정신과 신체의 건강상태, 직업, 섭취와 소진, 그 외에도 접촉 물질들에 대한 반응 정도가 틀리게 나타난다.

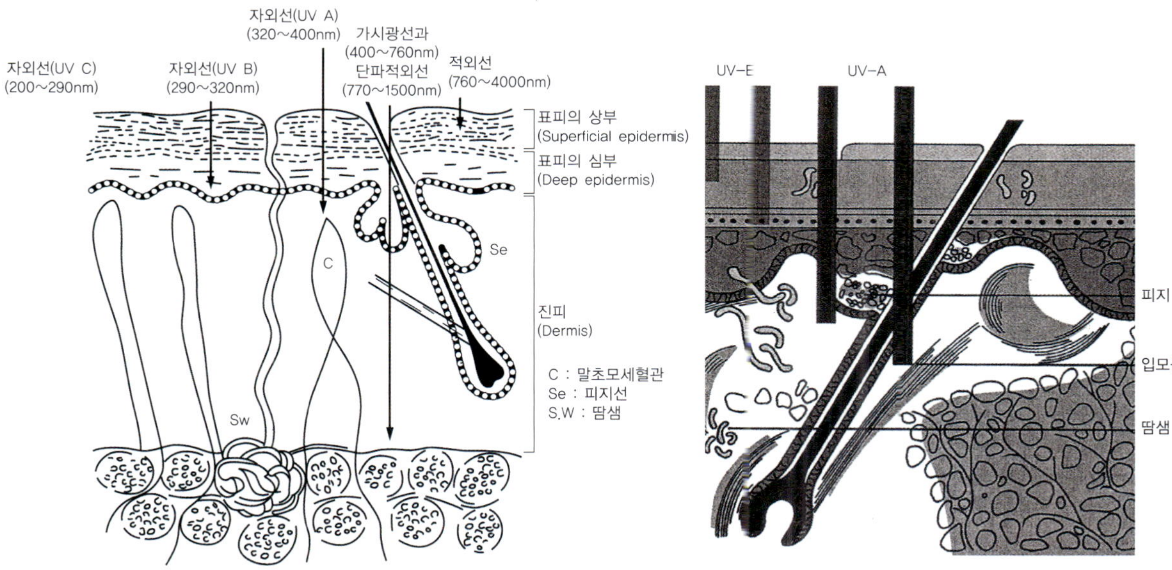

그림 4-4 자외선의 피부침투 단면도

표 4-21 자외선이 인체에 미치는 효과

	UV A(400~320㎚)	UV B(320~290㎚)	UV C(290~200㎚)
피부침투	대부분 외피통과 20~30%는 진피까지 도달	대부분 외피까지 도달 10% 감소, 진피 유두층 도달	각질층에서 완전흡수(10% 이하만 UVC에 의한 홍반 만듦)
멜라닌	**즉각 색소 침착(약 30분 후)** 1. 멜라노싸이트 수지상돌기 끝 방향으로 멜라노좀 이동촉진과 각질세포로의 전이 촉진 2. 각질세포내 멜라노좀의 비율변화 3. 각질층에 이미 존재하는 멜라노좀 광산화 현상	**지연 색소 침착(2~3일)** 1. 기저층내 멜라노싸이트의 멜라노좀 직접자극 2. 2~3일 후 시작 약 8일 후, 각질세포 내 멜라노좀의 함유량 4배 증가	조사량에 따라 영향을 미치기는 하나, 색소침착 없음
홍반	2~3일 후(지연홍반)	6~20시간 (외피에서 형성된 혈관 확장 매개체 방출)	3시간 이내 (진피혈관의 직접적 에너지 흡수결과)
피부에 미치는 작용	가속화	외피세포 밑부분에서 홍반	DNA 변화, 암 유발
노화	피부가 전체적으로 얇아짐 (콜라겐의 비율감소, 콜라겐 변성, 주름발생, 침착성 반점) → solar elastosis (광선탄력섬유증)	1. 외피 얇아짐 2. 심한 노출시(건성화, 심한 과각질화 현상, 피부위축, 피부조기 노화, 모세혈관 확장증, 피부 과증식) 3. 유전 현상에 대한 세포분자의 무질서로 시스템의 파괴	UV B보다 심하고 급격한 노화 초래 및 종양(tumor)과 쥐젖 형성

표 4-22 햇빛이 우리 인체에 미치는 영향

장점	단점
• 광합성(photosynthesis) • 시각(vision) • Vit. 합성(Vit. D synthesis) • 박테리아 살균(bactericidal action) • 열에너지(heat energy) • 치료효과(therapeutic action) • 색소형성(pigmentation) • DNA수선(repairation of DNA)	• 홍반(erythema) • 피부병변(skin lesion) • 광예민성(light sensitinization) • 광엘러지성(light allergy) • 오염(pollution) • 피부노화(aging of skin) • 발암(carcinogenesis) • DNA 병변(DAN lesion) • 돌연변이(mutation)

3) 멜라닌(Melanin)

멜라닌 세포는 주로 기저층이나 모낭에 위치하고 있다. 표피에서 적황색 또는 흑갈색으로 생성하여, 각질형성 세포로 공급하는 수지상 세포이며, 그 수지상 돌기는 가늘고 길쭉한 형태로 각질형성 세포 사이사이에 분포되어 있다. 이 구조가 멜라닌 주위의 각질형성세포로 전달을 용이하게 해주며, 전달된 멜라닌은 기저층 각질세포의 핵 윗부분에 확산되어 자외선에 의한 핵 세포손상을 방어해 준다. 사람마다의 피부색이 다른 이유는 표피를 통한 멜라닌의 종류와 양 그리고 각질세포내 분포 상태가 다르기 때문이다. 멜라닌은 헤모글로빈과 다르게 내부에서 합성되고 발견되는 유일한 색소이다.

피부관리학적 측면에서의 썬탠(sun tan)의 의미는 햇빛이 피부로 더 이상 침투하면 위험하다는 인체의 반응이다.

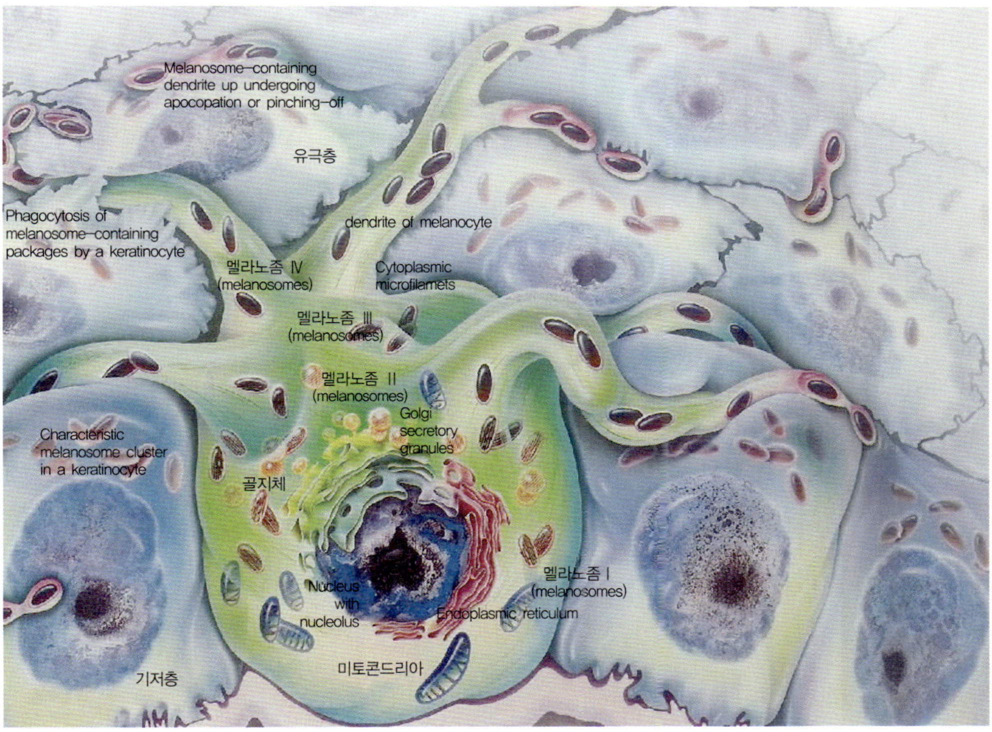

그림 4-5 멜라닌세포의 분포상태

♣ 멜라닌(Melanin)

어원은 그리스어인 “melanos” 라는 어원에서 왔는데, 검은색(black)이라는 뜻으로 매우 복잡한 구조를 가진 유기색소들인데, 아미노산들에서 멜라닌 소체가 형성되어 합성된 단백질 물질이다.

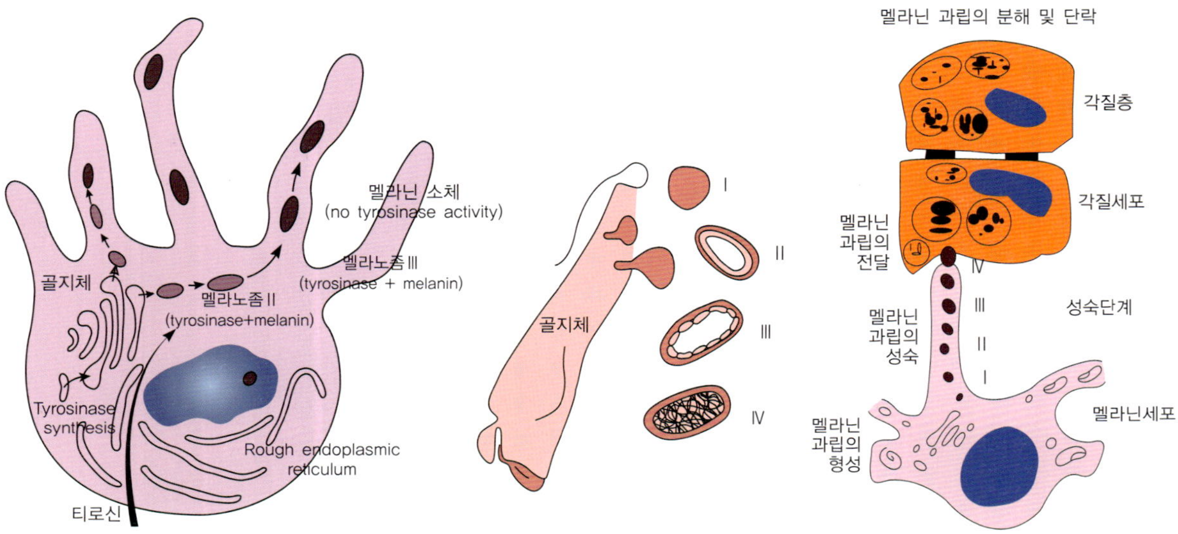

멜라닌 세포 내에서 색소가 생성되는 과정 　 멜라닌 과립의 성숙과정 　 멜라닌 세포가 멜라닌 과립으로 형성되는 과정

그림 4-6 멜라닌세포

(1) 멜라닌의 생성

- 태아 14주경에 melanocyte 형성, 기저층 10% 차지
- 기저층에서의 분포비율

  keratinocyte : melanocyte = 8~10 : 1

  하나의 멜라닌 소체는 약 36개의 각질형성세포와 이웃하고 있다.

(2) 멜라닌의 기능

- 자외선 방어 기능
- 시력 형성 기능

(3) 멜라닌의 종류

① 유멜라닌(eumelanin)

: 상대적으로 균일한 집합, 흙갈색 또는 검은 색소, 분자량이 크다.

② 페어멜라닌(phaeomelanin)

: 불균일한 집합, 붉은 색소, 주로 포유동물의 털과 적황색의 붉은 모발에서 발견됨.

> ♣ 백인은 흑인에 비해 상대적으로
> 밝은(붉은색)의 멜라닌(페어멜라닌 phaeomelamin)을 더 많이 생성해 낸다.

(4) 멜라닌 생합성 형성과정

멜라닌 세포 안에서의 두 종류의 멜라닌 과립 형성과정

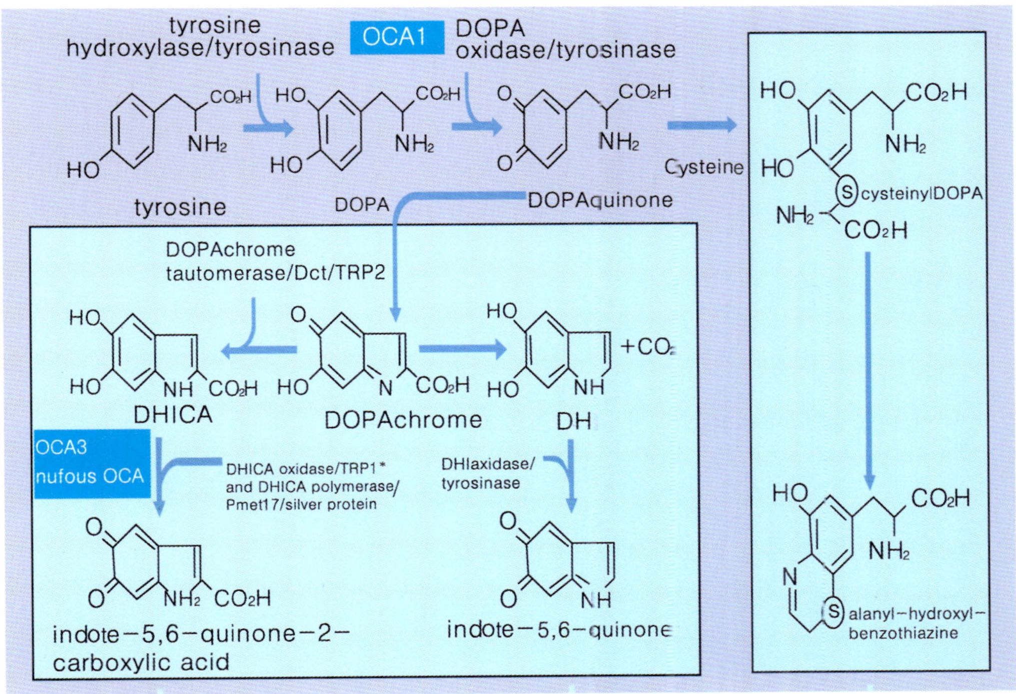

그림 4-7 피부에서의 멜라닌 생성과정

① tyrosine : 티로신 1846년에 LIEBIG가 발견한 결정성 아미노산으로, 췌장액에 의한 단백질분해에 의해 얻어지며 급성 간 황색 위축 등의 질환에서 소변으로 배설된다.

② tyrosinase : 티로시나제. 다수의 페놀성 화합물을 분해해서 흑색 색소로 변화는 반응을 촉매하는 티로신 효소 또는 산화효소라고도 함.

③ DOPA : 3,4-dihydroxy-L-phenylalanine의 약자
마마콩, vicia fava의 과피와 싹에 유리상태로 들어있으며, 산화되기 쉬운 물질

④ dopa-oxidase : 산화효소, 옥시다제(산소를 수용체로 하여 절대 친화성을 나타내는 중금속 원소계의 효소로 산화반응을 촉진한다.)

⑤ quinone : 퀴논(키닌산의 산화물로 황갈색의 결정물)

(5) 피부색(Skin color)

사람의 피부색은 유전적 소인이나 환경적 요인들의 영향을 받아 인종과 지역에 따라 다르며 색소를 함유한 피부층의 두께, 노출경력, 병력, 식품 섭취, 의약품 노출과 같은 요인들에 멜라닌 소체 생합성에 영향 인자들로 작용한다.

4) 색소침착 피부의 원인

아직 확실하게 알려지진 않았으나, 자외선이 가장 중요한 역할을 담당하고 있으며, 일광 노출이 심한 봄 · 여름철에 심화되는 경향을 보인다.

(1) 외적자극인자

특정부위에 홍반이 반복적으로 나타나며, 광피부 타입의 사람에게는 과색소 침착으로 반응하여 자연적으로 방어기능을 만들어 내는 것이다. 외적자극인자의 원인이 큰 기미는 예민한 성향을 띤 경우가 많고 비교적 좌우 비대칭으로 나타난다.

(2) 내적자극인자

외적자극인자에 비해 예민성은 적으며, 좌우 대칭적으로 발생하기 쉽다.

- 임신, 피임약, 난소기능저하, 갑상선기능 항진, 심리적 스트레스
- 내적 질병(위장, 신장, 간장 이상시) 성향을 띤 경우가 많고 비교적 좌우 비대칭으로 나타난다.

5) 과색소 침착(Hyperpigmentation)

(1) 자외선에 의한 과색소 침착

① 기미(Melasma, Chloasma)

ㄱ. malar형(meilar)

뺨(볼), 광대뼈(협골부)의 국소적인 부위에 발생하는 형태

ㄴ. centrofacial형

이마, 윗입술, 코, 턱 등 얼굴 중앙 부위에 집중적으로 발생하는 형태

ㄷ. mandibula형

턱뼈(하악골) 가장 자리에 나타나는 형태

② 주근깨(Freckle, Ephelios)

주근깨는 직경 5~6㎚ 이하의 황갈색 반점으로 불규칙한 모양이며 노출이 심한 코, 뺨, 손 등과 가슴에 생기며, 붉은색이나 황색 모발과 흰피부를 갖고 일광 화상을 쉽게 받는 등, 유전적 소인이 있는 사람에게 발생한다.

- 자외선 노출이 많은 부위에 발생
- 특히 얼굴(코, 뺨, 눈밑 부위), 어깨, 팔, 손에 발생
- 유적전인 소인
- 5~7세부터의 유년기에서부터 사춘기 전후로 색이 두드러진다.
- 자각 증상 및 통증은 없음.
- 주로 빨간 머리의 사람, 금발머리, 피부가 흰 사람에게 흔히 발생

③ 흑자(Lentigo)

노인성 반점, 저승점이라고도 표현되는 것으로 주위 정상 피부에 비해 융기된 현상을 보이고 확실한 원인은 밝혀지지 않고 있으나, 피지분비와 연계되어 설명되어지고 있다.

- 단순 흑자(lentigo simplex)

점막을 포함한 피부 어느 곳에서나 발생할 수 있는 직경 2~3mm 정도의 경계가 명확한 암갈색, 흑색의 둥근 반점이다.

특별히 광선노출 부위에 한하지 않고 발생하며 흔히 소아기에 발생하나, 어느 연령층에서도 발생할 수 있다. 기저층에서 반점 부위에 멜라닌 세포 수의 집중증가와 이로 인한 멜라닌 소체 집중 각질형성 세포내에서도 멜라닌 소체 증가를 볼 수 있고, 진피 상부에서도 멜라닌 소체 탐식세포를 볼 수 있다.

– **일광흑자**(lentigo solare)

일광에 장기간 노출할 경우, 누적된 노출 부위에서 발생하는데 이마, 볼, 손 등에 크기가 불규칙한 모양으로 산재한 갈색 반점이다. 대체로 40대 이후에 발생하는 경향으로 노인성 흑자

(2) 그외 과색소 이상증

① 오타씨 모반(Ota nevus)

삼차신경이 분포하는 눈주위의 피부, 구강점막, 안구결막 부위, 삼각근 부위에서 간혹 발생하는 청색반이다. 한국, 일본 등 황색인종에게서 많으며, 백인종이나 흑색인종에서는 드문 증상이다.

② 색소성 화장품 피부염(Pigmented cosmetic dermatitis)

안면, 특히 뺨과 이마에 짙은 갈색 내지 검은색의 국소적, 때로는 망상형의 색소 침착이 생기는 질환으로 가끔 홍반이나 구진, 소양증을 동반하기도 한다.

③ TAR 흑색종(Tar melanosis)

소양증을 동반한 홍반, 부종, 수포 등이 급성 발진기에 주로 손이나 얼굴 등 노출부에 발생. 홍반과 인설이 계속 될 수 있으며, 후에는 과각화증을 동반한 망상형 색소침착이 발생한다.

④ 여성 안면 흑피증(릴 흑피증)

일명 전쟁 흑피증, 영양 실조와 저급 화장품 사용, 광과민 반응 등으로 예측된다.

음식, 약진에 의해 발생 가능, 즉 인공감미료, 항히스타민제와 여러가지 항생제를 사용했을 때 피부가 광과민 현상으로 발생 가능하다.

기미가 얼굴에 부분적으로 발생하는 것에 비해 안면 흑피증은 얼굴 전체에 과색소 침착이 일어난 것이다.

(3) 기타의 색소이상증

① 혈색소증(Hemochromatosis, Bronze diabetes)

철의 대사 이상으로 다량의 철이 피부를 비롯한 여러 기관에 침착함에 따라 피부의 과색소 침착을 비롯하여 간경화, 당뇨병, 심부전 등이 초래되는 질환이다.

② 카로틴축적증(Carotenosis)

혈중 카로틴의 증가로 인하여 특히 피부에 침착되어 발생하며 황색조의 변색을 보인다. 일반적으로 카로틴이 다량 함유된 과일이나 당근, 오렌지, 호박, 시금치 등 과다 섭취하는 경우 나타나며, 간혹 당뇨병이나 갑상선기능저하증, 간질환, 신장염, 고지혈증에서도 나타날 수 있다. 보통 각질층이 두터운 손바닥, 발바닥, 이마, 코, 상안검 등에 주로 나타난다.

(4) 금속성 변색(Metallic discoloration)

① 은피증(Argyria)

과도한 은 노출로 은이 피부에 침착되어 변색을 일으킨다.

② 금피증(Chrysoderma)

드물게 과도한 금 투여 후, 금이 생체조직에 침착된 것을 금피증이라고 하며, 피부의 결체 조직에 침착되어 회색 혹은 청회색의 색소 침착을 일으키는 경우를 말한다. 주로 얼굴, 손등 일광 노출 정도에 따라 악화되는 등 여러 가지 면에서 은피증과 유사하다.

③ 수은(Mercury)

수은을 함유한 크림을 장기간에 걸쳐 도포한 후, 얼굴이나 목 등 크림 도포 부위에 갈회색 내지는 석판색의 색소 침착이 나타난다. 안검이나 비순 추벽 및 목에는 뚜렷이 나타난다.

6) 색소침착 피부관리를 위한 활성 성분

(1) 하이드로퀴논(HQ;Hydroquinone)

가장 오랫동안 널리 사용되어져온 미백크림 성분중 하나로 멜라닌 소체 생합성 과정중 티로시나제의 활동을 억제시켜 멜라닌 소체 생성을 억제하는 가장 효과적 억제자이다. 실험실 테스트와 생체 실험에서 인정받고 있지만, 부작용으로 세포의 신진대사작용에 역행하는 억제작용을 하여 DNA와 RNA합성에 중대한 영향을 주기 때문에 그 부작용으로 선진국에서는 미백화장품 성분으로는 그 사용을 금지시키고 있다. 또한 피부에 대한 자극성이나 광선에 노출시 광화학 반응 유발로 광알러지를 유발하는 성질이 있다. 멜라닌 세포에 독성을 나타내므로 색소탈실을 야기할수 있다.

(2) 알부틴(Arbutin)

화학구조가 하이드로 퀴논과 유사하며 인체에 해가 없는 미백제이다. 어떤 식물에서 고농도로 발견되는데 이 식물은 혹한이나 사막과 같은 기후에서도 생존할 수 있는 능력이 있다고 한다. arbutin은 티로시나제의 작용을 억제함으로써 멜라닌 소체 광합성을 억제시킨다고 알려져 있다.

(3) 비타민 C(Ascorbic acid)

감귤류, 엽록소 야채, 과일 전체에 함유되어 있다.

결합 조직과 혈관보호 작용, 대부분의 동물은 자체 합성하나 유인원류는 음식물을 통해 흡수. 콜라겐을 만드는데 가장 중요한 역할.

철분의 흡수를 도와준다. 산화와 환원 과정에 있어 중요한 역할을 하며, 이 물질은 또한 티로신 신진대사를 조정해주는 역할을 한다. 즉, 멜라닌 색소형성에서 산화 현상을 억제시켜주는 항산화제 및 생 촉매제로 사용됨. 맑게 해주는 효과를 준다.

- tyrosinase를 유전자 수준에서 발현을 저해함으로써 멜라닌 생성을 억제
- 비타민 C와 글루타치온(glutathione)이 가장 우수한 것으로 판명
- 멜라닌 소체의 중간체의 도파퀴논(dopaquinone)을 DOPA로 환원시킴으로써 멜라닌 소체 생성을 억제
- 산화된 멜라닌을 tyrosine으로 복구함으로써 멜라닌을 제거함.
- UV에 의한 유해산소기를 반응전 방응하여 차단함으로써 멜라닌 합성의 생체신호 전달을 막음으로써 멜라닌 생성 억제

(4) 비타민 E(Alpha-tocopeherol)

초록색 잎, 곡류(밀의 배아), 콩, 식물성 기름

순환조직과 표피의 외피에 작용. 의학적으로는 결핍시 불임증 유발.

강력한 산화방지제로서 비타민 A, 셀레늄, 2종의 썰파아미노산, 적량의 비타민 C와 함께 지방 화합물의 산화를 막아준다. 혈관 확장제와 항응고제로서 중요한 역할을 한다. 산화로 인한 세포질의 노화를 저지시킴으로서 젊게 한다. 내외부적으로 깊은 상처가 생기는 것을 방지해준다.

(5) 레틴산(Retin A)

레틴산은 0.025~0.05% 사이에서 사용된다.

레틴산은 각질제거 효과가 있는데 이런 이유에서 기미 치료가 있다고 생각된다.

각질 제거로 인해 다른 제제의 피부침투(흡수) 효과를 늘이고 결과적으로 이로 인해 다른제제의 미백효과를 늘인다고 생각된다.

단독 치료도 효과있다는 주장도 있으나 대개는 다른 제제와 복합적으르 사용된다.

레틴 A의 부작용은 피부자극이다. 이런 증세가 심하다면 레틴 A 대신 AHA 제제가 사용되기도 한다.

(6) 감초(Licorice)

글라브리딘(glabridin)이라는 성분이 티로시나제의 억제 작용를 줌으로써 멜라닌 생성을 감소시키는 작용, 피부의 회복과 미백 작용

(7) 위치하젤(Witch hazel)

온대 지방에 사는 관목, 피부 청결과 색소 침착 개선

7) 과색소 침착 피부관리챠트 작성시 문진방법

① 기본 : 발생부위, 최초 발생 시기
반복성 또는 재발성
연령관계 : 가임년령, 폐경기(체열감), 임신 여부를 추측 가능하다.

② 병력유무
- 혈압 : 고혈압의 경우
- 수술경험(부위)
- 피임관계 년령 관계에서 이미 대략적 파악했지만 가임년령의 경우
- 복용약물 : 신경안정제(수면 질문에서 파악. 분할수면인지, 숙면인지) 잠은 푹 주무세요? / 복용약물 여부(간장약, 신장약, 빈혈약 등)
- 질환관계 : 간, 종양, 갑상선(외모상 문제점 파악)

③ 건강관계
- 식사는 잘 하시는 편이세요?
- 몇 번 때 맞추어 드시는 편이세요?
- 특별히 가리는 음식이 있으세요?
- 소화는 잘 되시는 편이세요?(소화제 복용여부)

④ 직업 / 취미관계 / 자가운전

⑤ 대인관계, 기혼, 미혼

⑥ 가족관계 : 시부모와 자녀관계에서 신경성 파악.

⑦ 스트레스 해소법

⑧ 기미 피부관리 경험 유무
- 기미관계로 피부과나 피부관리를 받아 보셨나요?
  : 케미칼 필링, 약초필링, 레이저 관리.
- 표백(또는 미백)크림 관리, 사용기간, 제품명(수은 함유 여부)

색소침착 피부관리 프로그램 (Pigmentation skin treatment program)

Ⅰ. 색소침착 피부 일반관리(Pigmentation skin basic treatment)

(1) 관리 목적

- 불필요한 각질 제거
- 미백관리
- 진정, 보습, 재생관리
- 비타민 C 관리
- 보호

(2) 관리 시간 및 횟수

- 관리시간 : 약 50분
- 횟　　수 : 주 1~2회씩, 6~10회 관리

표 4-23 색소침착 피부 일반관리 프로그램
(Pigmentation skin basic treatment program)

단계	관리방법	사용기기 및 도구
point make-up cleansing	부분화장 전용 클렌징 제품 젖은 화장솜에 적셔서 사용	화장솜, 면봉
cleansing	클렌징 로션 타입 해면(스펀지)으로 닦아낸다.	해면(스펀지)
tonic	화이트닝 전용/보습전용 토닉을 젖은 화장솜에 적셔 가볍게 닦아낸다.	화장솜
skin analysis	육안, 정밀 관찰로 자각증상 및 피부상태 평가 - 이 경우 특히 문진을 통해 스트레스 여부, 실내 · 외 운동여부 체크 중요.	확대경 우드램프 유 · 수분 측정기
deep cleansing	- scrub제(cream, powder형) : 가볍게 러빙 - gommage제 : 건조 후 가볍게 러빙 - enzyme제(cream, powder형) : 스팀 병행	스티머, 브러시, 해면(스펀지)
nutrition	비타민 C 보습, 콜라겐, DNA 앰플 가벼운 핸드링으로 도포 흡수 / 기기 병행 가능	이온토포레시스
massage	영양 크림 + essential oil(프랑킨센스, 에버라스팅, 네롤리, 팔마로사) 순환 매뉴얼 테크닉, 림프드레나지	볼, 스파튤라
mask / pack	미백(비타민C, 레틴산), 보습(라벤더, 팔마로사), 진정(아줄렌), 재생(콜라겐 벨벳 마스크) 후 젖은 해면으로 깨끗이 제거한다.	아이패드, 브러시 스파튤라, 볼
protection	토닉 → 미백 에센스 → 아이크림 → 미백 영양크림 → 자외선 차단제	화장솜, 스파튤라
관리 point	- 광과민 유발 화장품 사용 자제 - 자외선 차단 필수 - 스트레스 해소법 필요 - 규칙적이고 올바른 식생활 습관	

(3) 홈 케어

홈 케어(Home care)	
Day care	클렌징 밀크 + 미백 토닉 + 미백 에센스 또는 세럼 + 아이크림 + 재생 미백 데이 크림 + 자외선 차단제
Night care	부분화장 지우기 + 클렌징 밀크 + 미백 토닉 + 미백 에센스 또는 세럼 + 아이크림 + 미백 나이트 크림

(4) 지시사항

- 화이트닝 제품 사용 시 피부 트러블 발생 주의
- 예민과 진정 부분에 대한 관리 철저히
- 주 1회 딥 클렌징 실시

II. 색소침착 피부 특수관리 (Pigmentation skin special treatment)

(1) 관리 목적

- 불필요한 각질제거
- 보습 · 미백 관리
- 자외선 차단

(2) 관리 시간 및 횟수

- 관리시간 : 약 90분
- 횟　　수 : 주 2회, 6~10회 관리

표 4-24 색소 침착 피부 특수관리 프로그램
(Pigmentation skin special treatment program)

단계	관리방법	사용기기 및 도구
point make-up cleansing	부분화장전용 클렌징 제품 젖은 화장솜에 적셔서 사용	화장솜, 면봉
cleansing	클렌징 젤 타입 해면(스펀지)으로 닦아낸다.	해면(스펀지)
tonic	예민용, 보습 토닉으로 화장솜에 적셔 가볍게 닦아낸다.	화장솜
deep cleansing	- 프리 글리콜 : 클렌징 후, 피부를 완전히 건조시킨 후 거즈나 마른 솜에 적셔 닦아내듯이 도포 - 글리콜 젤 : 브러시를 이용하여 피부표면에 드포(각질층이 두꺼운 부위부터 도포) 최초 관리 3~4분 안에 사용 매회 관리시 시간 늘려서 사용(최장 15분까지 관리) - 하이드로 젤 : 글리콜 젤의 작용을 정지시키는 중화 목적의 젤. 브러시를 사용해 홍반부위부터 도포, 전체적으로 닦아냄.	스티머, 화장솜 해면(스펀지) 볼, 스파튤라 브러시
nutrition	비타민 A · C · E 앰플 순으로 가벼운 핸드링으로 도포	이온토포레시스
mask / pack	비타민 C 마스크 또는 콜라겐 벨벳 마스크 도포 후 15~20분간 방치 후 젖은 해면으로 깨끗이 제거한다.	아이패드, 브러시 스파튤라, 볼
protection	토닉 → 재생 에센스 → 아이크림 → 데이 크림 → 자외선 차단제	화장솜, 스파튤라
관리 point	- 주 2회 집중관리를 하면서 꾸준한 체크 필요 (자외선, 화장품 트러블에 대한 문제 등)	

(3) 홈 케어

홈 케어(Home care)	
Day care	클렌징 밀크 + 보습 · 진정 토닉 + 영양 · 보습 · 진정 · 재생 에센스 또는 세럼 + 아이크림 + 영양 · 보습 · 재생 크림 + 자외선 차단제
Night care	부분화장 지우기 + 보습 · 진정 토닉 + 미백 · 영양 · 보습 · 재생 에센스 또는 세럼 + 아이크림 + 영양 · 보습 · 재생 크림

(4) 지시사항

- 필링 시 피부 표면의 상태 변화 주의
- 재생 · 영양 부분에 집중적인 공급 요망
- 주 1회 딥 클렌징 실시
- 홈 케어시, 주 1회 재생, 영양 마스크를 교대로 실시

♣ 과색소 침착 피부 고객상담 ♣

【 Question 】

1. 동양인이 서양인에 비해 기미의 발생률이 높은 이유는?
2. 병원, 피부관리실, 다 다니며 레이저 요법, 필링(박피요법) 등 기미에 좋다는 방법은 다 써보았지만 좋아지는 듯 하다가 다시 진해집니다. 오히려 처음보다 더 진해지고 이제는 어떤 화장품을 써보아도 효과가 없나요?
3. 위장이 좋지 않아 생긴 기미에 피부관리가 도움이 되나요? 위장치료가 급하지 않을까요?
4. 기미에 뛰어난 효과가 있다고 하는 미백크림(수은, 호르몬 크림 등) 연고 등을 사용할 경우 부작용이 크다고 하는데 왜 그런가요?
5. 자외선 차단제의 종류는 많기도 하더군요. sun oil, milk, cream, block... 이러한 제품들의 차이점은 무엇이며, 어떤 제품을 사용해야 하나요?

표 4-25 고객관리카드

고객관리카드					
고 객 명		생년월일			
주 소					
연 락 처		성별			
방문동기		취미		직업	
복용중인 약물		병력			
건강상태 (현재)		피부관리 경험 여부			

피부타입 (Skin type)	정상 □ 건성 □ 지성 □ 복합성 □
피부두께 (Texture)	얇다(Fine) □ 정상(Normal) □ 두껍다(Thick) □
피부수분정도 (Skin moisture content)	낮다(Low) □ 보통(Average) □ 높다 High) □
혈액순환정도 (Skin blood circulation)	나쁘다(Pool) □ 보통((Average) □ 좋다(Good) □
근육 발달정도 (Muscle tone)	나쁘다(Pool) □ 보통(Average) □ 좋다(Good) □
피부 민감도 (Skin sensitivity)	정상(Normal) □ 민감(Sensitive) □ 매우 민감(Very sensitive) □
주름정도 (Lines)	표면주름(Superficial lines) □ 표정주름(Expression lines) □ 노화주름(Wrinkles) □

얼굴의 피부문제 표기		
	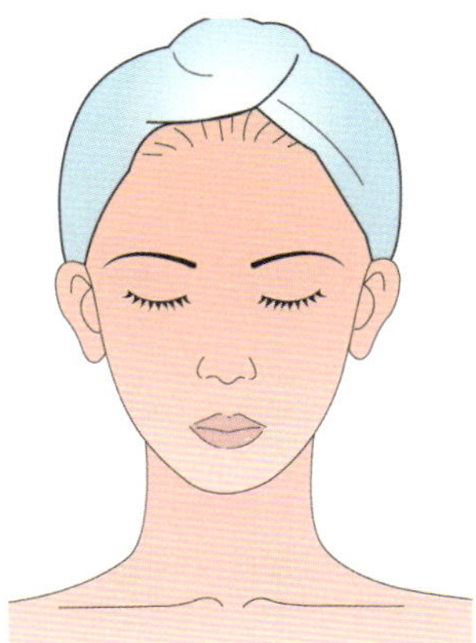	비화농성 여드름(Comedones)
		구진(Papules)
		농포(Pustules)
		한관종(Milia)
		주사(Rosacea)
		모세혈관확장(Talangiectasis)
		흉터(Scars)
		켈로이드(Keloid)
		과색소(Hyper-pigmentation) - 주근깨(Freckles) - 기미(Melasma) - 갈색반점(Brown sports)
		저색소(Hypo-pigmentation)
		기타 :

표 4-26 실습보고서 1

실습보고서				
실습일자 :	피시술자(고객) :		시술자(관리자) :	
관리대상자의 피부상태				
관리목적				
실습과정(시술시간, 사용기기, 시술방법 기록)				

순서	관리단계	제품명 (화장품의 유형)	적용방법	적용범위 및 시간

사용기기	기기명	적용범위 및 시간	적용 방법	관리시 주의사항
피부 분석시				
피부 관리시				

실습과정 중 유의사항		
시술 결과	시술 전	
	시술 후	
Home care		

표 4-27 실습보고서 2

<table>
<tr><th colspan="2">실습보고서</th></tr>
<tr><td colspan="2">실습일자 : 피시술자(고객) : 시술자(관리자) :</td></tr>
<tr><td>피시술자의
피부상태</td><td></td></tr>
<tr><td>관리목적 및
기대효과</td><td></td></tr>
</table>

일자	순차	관리기록	책임자명

<table>
<tr><td colspan="2">실습과정 중
유의사항</td><td></td><td>얼굴 문제점 표시</td></tr>
<tr><td rowspan="2">시술
결과</td><td>시술 전</td><td></td><td rowspan="2">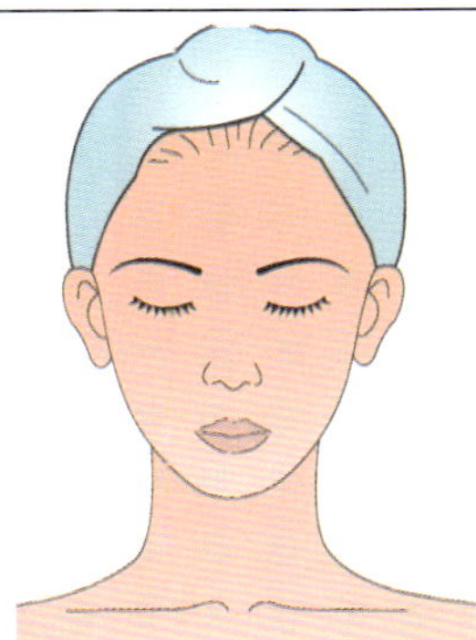</td></tr>
<tr><td>시술 후</td><td></td></tr>
<tr><td colspan="2">Home care</td><td colspan="2"></td></tr>
</table>

8. 노화 피부(Aging skin)

1) 정의

피부의 노화란 이상 현상이나 피부 질환은 아니며 나이가 들어감에 따라 시간의 진행에 비례해서 일어나는 퇴행성 변화로 자연스런 현상이다. 노화는 유전적으로 노화현상이 결정되어진다는 노화 프로그램설과 환경적 요인이 중요하다는 활성산소이론이 가장 많이 연구되고 있다.

프로그램설을 내적 요인에 의한 자연 노화로, 비프로그램설을 외적 요인에 의한 노화로 설명하기도 한다.

2) 노화이론설

(1) 내인성 노화(Intrinsic aging)-프로그램설

인간의 유전자 속에 수명이나 노화를 결정짓는 '노화유전자'가 존재하므로 노화현상은 결코 피할 수 없다는 이론이다. 태어나면서 미리 정해진 수순대로 노화의 증상이 나타나도록 노화의 프로그램이 유전자에 새겨져 있으며 수명이나 노화를 결정짓는 노화 유전자에 의해 세포가 특정유전자의 발현에 따라 스스로 분해되어 사라지는 과정을 겪는다는 것이다.

(2) 외인성 노화(Extrinsic Aging)-비프로그램설

자외선, 공해, 흡연, 술, 의약품, 스트레스 등의 노출로 인해 피부세포의 노화를 가속화 시킨다는 이론이다. 햇볕에 의한 피부의 손상은 피부 노화의 과정을 더욱 가속화시키며, 자외선, 공해, 스트레스 등으로 인한 후천적요인에 따라 나타나는 노화를 말한다. 또한 외인성 노화는 자외선, 방사선, 화학물질, 과격한 운동 등 외부환경 등에 의해 발생하는 활성산소가 세포의 지질이나 단백질 유전자를 공격하여 파괴시킴으로써 세포노화의 원인이 되기도 한다.

① 광노화(Photoaging)

광노화란 햇빛에 항상 노출되는 얼굴, 목, 손등, 팔의 피부에서 관찰되는 피부노화 현상을 말한다. 광노화된 피부의 특징은 자연적인 피부노화에 비하여 노화의 정도가 심하고 일찍부터 노화현상이 시작된다. 광노화는 자외선의 노출을 피하면 예방할 수 있는 피부노화 현상이다.

표 4-28 내인성 노화와 광노화 피부의 비교

	내인성 노화	광노화
주름	잔주름	굵고 깊은 주름, 잔주름
탄력성 감소	경미함	매우 심함, 피부가 처짐
색소(멜라닌세포)	멜라닌세포수 감소에 의한 반응감소	불규칙한 색소침착 색소성 반점(흑자, 검버섯 등)의 증가
피부건조	경미함	심함, 거친 피부
두께	표피 전체가 얇다	각질층이 두꺼워짐
양성종양	간혹 발생	증가(검버섯)
피부암	간혹발생	증가
기타	모세혈관 감소 - 노인성자반(멍)	모세혈관 확장, 형성

② 열 피부노화(Thermal skin aging)

햇빛 속의 적외선 또는 히터, 사우나 등의 열에 의하여 피부온도가 증가하면 피부가 노화되는데 이를 열 피부노화라고 한다.

♣ 열 피부노화 발생기전

- 온도상승에 의한 MMP(matrix metalloproteinase)효소 증가
  피부세포에 41℃이상의 열 자극을 주면 콜라겐을 분해하는 효소인 MMP가 증가한다. 증가된 MMP 효소는 피부의 콜라겐 섬유, 탄력섬유 등을 분해한다.
- 적외선에 의한 콜라겐 감소와 MMP 증가
  적외선을 반복해서 쪼이면 콜라겐의 합성이 급격히 감소되고 동시에 콜라겐 분해효소인 MMP 합성이 증가한다.
- 적외선에 의한 주름형성
  적외선은 단독으로도 주름살을 형성할 수 있으며 자외선에 의한 피부노화 현상을 더 촉진시키는 역할을 한다.
- 적외선과 열에 의한 혈관형성
  적외선을 쪼이면 혈관의 수, 크기, 혈관의 총 면적이 일시적으로 증가한다.
- 열자극에 의한 탄력 섬유증 유발

③ 갱년기 피부노화(Climacteric skin aging)

폐경 이후 주름살이 급격히 늘어나게 된다. 폐경이후의 에스트로겐 결핍에 의한 콜라겐 합성의 감소 때문이다.

④ 흡연에 의한 피부노화

니코틴에 의한 혈관수축과 피부에 대한 산소공급 감소로 인한 주름발생

⑤ 공기오염에 의한 피부노화

공기중에 있는 먼지와 작은 나노입자들이 직접적으로 피부손상

⑥ 그 외 피부 노화요인

- 스트레스
- 잘못된 식생활 습관(과음, 과식, 과로)
- 무리한 다이어트
- 음주
- 영양 부족
- 수면 부족
- 피부 건조
- 계절적 변화 및 냉 · 난방
- 잘못된 피부관리
- 화장품 환경
- 피부 자극(바람, 추위)
- 반복적 얼굴 표정
- 수면 습관

(3) 활성산소(Free radical, Reactive oxygen species(ROS) 이론

DNA나 단백질을 산화하여 세포 손상을 시켜 이것이 세포의 노화로 이어진다는 이론이다.

활성산소(free radical)들은 비정상적으로 강한 친화력을 갖고 있어, 불안정한 전자에너지를 갖는 활성산소들이 전신의 세포들과 맞부딪혀 전자와 결합, 또는 탈취해서 전자의 평형을 이루게 된다.

활성산소의 파괴는 산화(oxidation)로 생각되며, 이는 물질에 산소(oxygen)가 부가되는 과정이다. 활성산소는 신진대사 과정에서 필수적인 에너지를 만들기 위해 불가피하게 생성되는 것으로, 우리 몸의 중요한 세포막, 염색체, 단백질 기능 변화 등의 부작용을 초래한다.

체내에서 활성산소의 부작용을 제어할 수 있는 효소가 충분하지 못하면 정상적인 분자의 기능에 손상을 초래하여 자가면역질환, 동맥경화증, 치매, 백내장에 이르기까지 수많은 질병과 연관되어 있으며, 축적된 손상은 결국 노화를 촉진하게 된다. 그러나 활성산소로 인한 손상은 피할 수 없는 일이다.

> ♣ 활성산소
>
> 모든 분자들은 원자와 전자를 가지고 있다. 모든 분자들의 원자는 1개씩이지만 전자는 분자의 종류에 따라 다양한 수가 존재한다. 이 전자들이 작수로 짝을 이루고 있으면 안정한 상태이나, 홀수로 짝이 맞지 않을때는 매우 불안한 상태가 되며 짝을 맞추기 위하여 전자를 주위 물질로부터 빼앗아 와서 자기 자신을 안정화시키려는 성질이 있다. 세포는 산소를 이용하는 여러대사 과정에서 일시적으로 산소에서 유래한 홀수의 전자를 가지는 물질들을 생성하게 되며, 이런 불안정한 홀수의 전자를 가지는 산소유래 물질들을 활성산소라고 한다.

① 활성산소의 종류

- 우리 신체 내 대사에 의한 발생

음식물이 산화될 때 전자가 방출되어 물을 생성하는데 이 전자는 산소로 흐르는 낙차로부터 에너지(ATP)를 생성한다. 산소는 결국 생체액 속에 용해되면서 매우 반응성이 강한 산소기들을 생성해 내는데 이들 산소기가 세포 안에 유리기를 만들어 내는 근원이 되면 문제를 만들어 낸다.

이들 활성산소 중에는

- O_2^- : 과산소(superoxide radical)
- H_2O_2 : 과산화수소기(hydrogen peroxide)
- OH^- : 수산기(hydroxyl radical) 등이 있다.

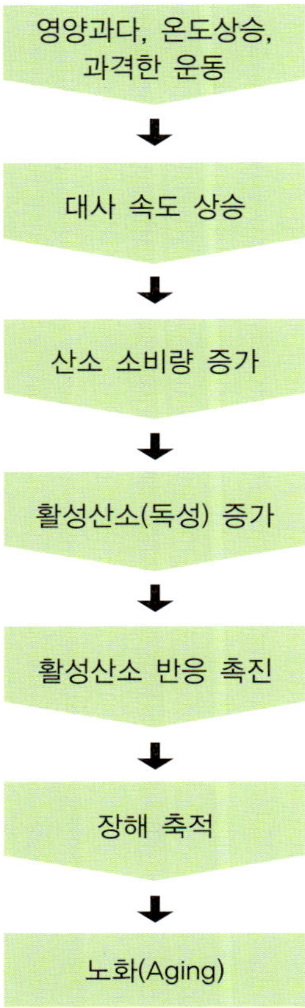

그림 4-8 활성산소에 의한 노화

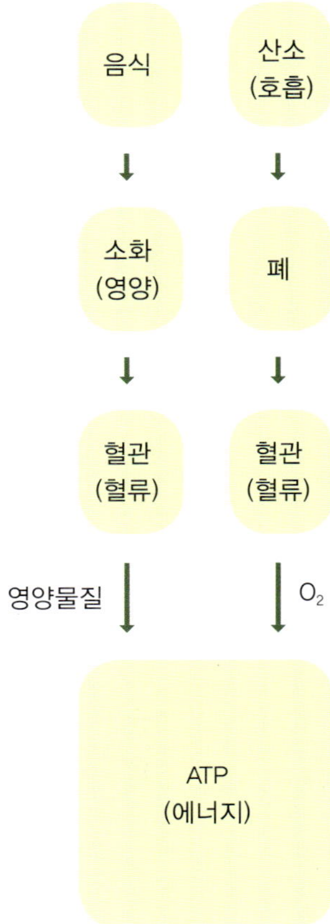

그림 4-9 활성산소의 생성

그림 4-10 활성산소 생성 요인

② 활성산소의 작용

조직세포가 활성산소의 공격을 받아 노화 현상 촉진

- 세포막 : 세포막의 생물학적 성질이 변형되어 파괴
- 단백질 : 세포 효소의 생화학적 조절기능을 방해
- 유전자(DNA) : 변성을 초래시켜 기능 이상

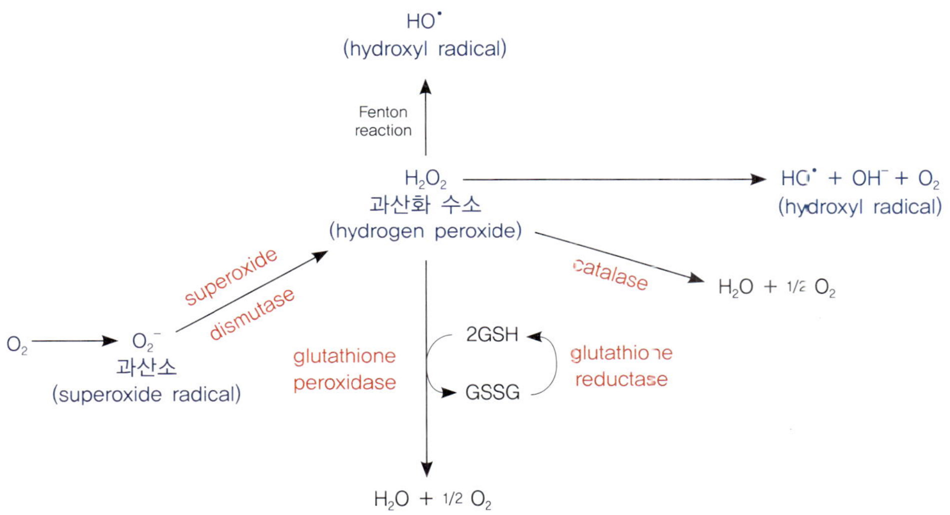

4-11 활성산소의 생성과 소실

③ 항산화제

- O_2^- 무독화 : 과산소 디스뮤타아제(superoxide dismutase SOD)
- H_2O_2분해 : 카탈라아제(catalase), 글루타치온 과산화 효소(glutathion peroxidase)
- OH^- 무독화 : 비타민 C, 비타민 E, 플라보노이드
- 수용성 항산화제 : 아스코르빈산(ascorbic acid), 요산(uric acid)
- 지용성 항산화제 : 토코페롤, β-카로틴, ubiquinol

3) 피부노화에 따른 조직학적 특징

① 표피 두께 감소
② 표피진피 경계면의 굴곡 소실
③ 멜라닌세포의 변화
④ 랑게르한스세포 수의 감소
⑤ 콜라겐섬유 감소
⑥ 탄력섬유의 변성
 – 일광 탄력섬유증
⑦ 히알루론산의 감소
⑧ 피부 혈관의 변화
⑨ 지방층의 소실과 지방합성 감소

4) 노화피부의 예방

① 적절한 운동
② 자외선 차단제
③ 칼로리 제한 → 소식(과식, 특히 지방 과잉섭취 금물)
④ 금연
⑤ 적당한 음주
⑥ 적절한 항산화식품 섭취(신선한 야채 → 비타민 C, 비타민 E, β-카로틴)
⑦ 깨끗한 공기와 물
⑧ 적당한 일광욕
⑨ 감기 주의 → 백혈구가 다량의 유해산소를 생성시킴
⑩ 적절한 스트레스 조절

5) 노화 피부관리를 위한 활성성분

(1) 비타민 A(Vitamin A)

- 세포 성장과 분화 촉진
- 지용성 항산화제로 지질(다가불포화지방산)의 산화 작용 억제
- 피부 보습력 향상
- 피부 영양 공급
- 면역기능 증진
- 자외선 손상으로부터 피부를 보호한다.
- 레티놀 계통(Retinol 또는 Retinyl ester)의 물질 : 주름 감소 및 탄력 효과
- Carotinoid계통(카로틴)의 물질 : 항산화제로 작용
- 간, 녹황색 채소, 우유, 버터, 계란 등에 함유

(2) 비타민 B 콤플렉스(Vitamin B complex)

- B_1(thiamine) : 항산화 작용, 노화로부터 보호작용을 한다. 에너지대사에 관여
- B_2(riboflavin) : 세포의 성장과 재생작용, 과산화지질 분해 작용, 지루성피부염 개선
- B_3(niacin) : 혈액순환촉진, 항노화 효과와 항암 작용. 에너지대사에 관여, 산화환원 작용
- B_5(pantothenic acid) : 항스트레스 비타민(부신피질호르몬과 아드레날린의 생성 촉진), 상처치유 촉진, 스트레스와 체내 독소로부터 보호, 보습효과
- B_6(pyridoxine) : 정신신경질환 예방, 면역기능 강화, 지루성피부염 예방
- B_{12}(cyanocobalamin) : 세포 생성과 수명 연장에 조력 작용, 면역기능 증진, 암 예방.

(3) 알파 하이드록시 산(Alpha hydroxy acid ; AHA)

- 피부 보습력 증가
- 주름 감소
- 콜라겐과 엘라스틴 생성 증가
- 색소침착 개선
- 단백질 재생성 촉진
- 레틴 A와 유사한 원리를 가지지만, 자극과 부작용은 훨씬 적어 안전
- 과일, 사탕수수 등에서 추출한 과일 추출액

♣ AHA농도에 따른 특성

- pH 3이상이면서 30~40%는 가벼운 스케일링제나 딥클렌징
- 12~18%까지는 바디의 딱딱한 부위나 전체적인 바디로션
- 8~10%까지는 매일 사용(daily base)이 가능한 노화용 화장품
- 7% 정도는 세안제
- 3% 정도는 아이 젤
- 1% 이하는 화장품내의 pH조절제로 사용될 수 있다.
- 농도가 너무 높아 피부 각질이 얇아져 예민함을 느끼면, 1~2일 정도 중단 후, 다시 사용하면 된다.

(4) 감초(Licorice)

- 이소플라본(isoflavones) 성분 : 에스트로겐 작용
- 에스트라디올 성분 : 식물성 호르몬 작용
- glabridin 성분 : 미백 작용
- 항염작용과 항산화작용, 상처 치유 효과
- 혈액순환 촉진

(5) 로얄젤리(Royal jelly)

- 일벌의 인두선에서 분비되는 우유 같은 걸쭉한 물질로 고농축 영양복합체이다.
- 비타민 B 복합체, 비타민 A, 비타민 C, 비타민 D, 비타민 E, 미네랄, 효소, 18가지 아미노산이 함유
- 금기대상 : 천식 등 알러지 질환, 쇼크를 경험한 적이 있는 사람

(6) 천연비타민 C(L-Ascorbic acid)

- 수용성인 강력한 항산화제
- 콜라겐의 생합성 촉진, 주름 완화
- 산화된 비타민 E의 형태를 재생
- 자외선 차단, 색소침착 완화(미백 작용), 노화 방지
- 해독작용(독소 분해)
- 스트레스 해소

- 손상된 DNA 회복
- 면역력 증강, 감염에 대한 저항력 증진
- 항알러지 작용(천연 항히스타민제 역할)
- 항암 작용
- 감귤류 등의 신선한 과일과 푸른잎 채소에 함유

(7) 비타민 E(Tocopherol)

- 항산화제
- 상처 치유 촉진
- 혈액순환 개선
- 항염 작용, 면역증진
- 피부 보습과 부드러움, 매끄러움 증가

(8) 코엔자임 Q10(Coenzyme Q10)

- 세포의 에너지 생산
- 항산화작용, 노화방지
- 면역시스템 활성화

(9) 펜타펩타이드(Pentapeptide)

- 주름 개선
- 보습력 우수
  : 팔미토일 펜타펩타이드(palmitoyl pentapeptide) : 즈름 개선, 피부 노화방지
- 대두 펩타이드(soy peptide) : 섬유아세포 증식 촉진, 콜라겐과 엘라스틴 합성 증가, 미백 작용, 항자극성, 염증 감소

(10) 스쿠알렌

- 지질성분으로 동물의 연골에 많이 포함
- 콜라겐 합성 증가
- 피부주름 감소
- 자외선에 의한 DNA 손상 예방효과

(11) 녹차 추출물

- 카테친(cathechin)성분중 EGCG(epigallocatechin gallate)가 강력한 항산화 물질
- 햇빛에 의한 화상 예방효과
- DNA 손상 및 피부암 억제효과
- 멜라닌색소 합성 억제효과
- 면역억제 예방효과
- 주름살 개선효과
- 미백효과
- 각질형성세포 성장촉진 효과

(12) 오메가-3 지방산

- 리놀렌산(linolenic acid), DHA, EPA
- 염증억제효과
- MMP억제효과, 콜라겐합성 증가효과
- 기질단백질 증가효과
- 공기중에서 쉽게 산화

노화 피부관리 프로그램
(Aging skin treatment program)

Ⅰ. 노화 피부 일반관리(Aging skin basic treatment)

(1) 관리 목적

- 주름 개선
- 탄력 회복
- 피부 보습
- 피부 재생
- 색소 감소
- 혈액순환 촉진
- 자외선 차단
- 햇빛에 의한 면역억제 예방

(2) 관리 시간 및 횟수

- 관리시간 : 약 50분 가량
- 횟　　수 : 주 1회씩, 10~12회 관리

표 4-29 노화피부 일반관리 프로그램(Aging skin basic treatment program)

단계	관리방법	사용기기 및 도구
point make-up cleansing	부분화장전용 클렌징 제품 젖은 화장솜에 적셔서 사용	화장솜, 면봉
cleansing	클렌징 로션, 오일타입 가볍게 러빙 동작 후, 해면(스펀지)으로 닦아낸다.	해면(스펀지)
tonic	피부타입에 맞는 토닉 젖은 화장솜에 적셔 가볍게 닦아낸다.	화장솜
skin analysis	육안, 정밀 관찰로 자각증상 및 피부상태 평가	확대경, 우드램프 유·수분 측정기
deep cleansing	- scrub제(cream, powder형) : 가볍게 러빙 - gommage제 : 건조 후 가볍게 러빙 - enzyme제(cream, powder형) : 스팀 병행 - AHA, BHA(노화, 과각화, 색소침착)	스티머 브러시 해면
nutrition	재생, 영양, 콜라겐, vitamin A, C, E 앰플 도포 흡수(상황에 따라 필요한 앰플 사용) 가벼운 핸드링으로 시술	이온토포레시스
massage	영양, 재생, 노화 크림 + essential oil(로즈,캐롯,클라리세이지) (순환 매뉴얼 테크닉, 림프드레나지)	볼, 스파튤라
mask / pack	콜라겐, 알개, 석고, 파라핀 마스크 도포 (필요에 따라 마스크를 섞어서 사용, 응용가능)	아이패드, 브러시 스파튤라, 볼
protection	보습용 토닉 → 노화용 에센스 → 아이크림 → 노화용 데이 크림 → 자외선 차단제	스파튤라
관리 point	- 고주파를 이용하여 탄력, 주름, 영양 성분들 흡수 - 자외선 차단 필수(광노화 유발 억제)	

(3) 홈 케어

홈 케어(Home care)	
Day care	보습용 클렌징 밀크 또는 물세안 + 보습용 토닉 + 보습용 에센스 또는 세럼 + 아이크림 + 노화용 데이 크림 + 자외선 차단제
Night care	부분화장 지우기 + 보습용 클렌징 밀크 + 보습용 토닉 + 노화용 에센스 또는 세럼 + 아이크림 + 노화 나이트 크림

(4) 지시사항

- 세안 시 미온수 사용(뜨거운 물 피함)
- 과다한 세정제(알칼리 비누 등) 사용 자제
- 보습제품 사용
- 불필요한 피부 늘어짐 동작 사용 자제
- 적당한 수분 섭취(성인 하루 8잔 이상)
- 적정한 실내온도(18℃)와 실내습도(40~60%) 유지
- 건조한 공기(찬바람, 냉 · 난방), 자외선 등의 과도한 노출 유의
- 불균형 식사습관과 나쁜 생활습관 개선(다이어트 주의)
- 단백질, 비타민 A 섭취 권장(간, 녹황색 채소)
- 주 1회 딥 클렌징 실시
- 주 1~2회 비타민 마스크 실시
- 주 1회 영양, 재생, 화이트닝 마스크중 선택하여 실시

II. 노화 피부 재생관리(Aging skin rejuvenation treatment)

(1) 관리 목적

- 세포 재생
- 피부 보습과 영양공급
- 색소 감소
- 주름 개선
- 탄력 회복

(2) 관리 시간 및 횟수

- 관리시간 : 약 60분 가량
- 횟　　수 : 주 2회씩, 5~10회 관리

표 4-30 노화 피부 재생관리 프로그램
(Aging skin rejuvenation treatment program)

단계	관리방법	사용기기 및 도구
point make-up cleansing	부분화장 전용 클렌징 제품 젖은 화장솜에 적셔 사용	화장솜, 면봉
cleansing	아줄렌, 큐컴버, 알로에 등이 함유된 클렌징 밀크 타입 가볍게 러빙 동작 후, 해면(스펀지)으로 닦아낸다.	해면(스펀지)
tonic	피부타입에 맞는 무알콜 토닉을 젖은 화장솜에 적셔 가볍게 닦아낸다.	화장솜
skin analysis	육안, 정밀 관찰로 자각증상 및 피부상태 평가	확대등, 우드등 편광, 현미경 유·수분 측정기
deep cleansing	- scrub제(cream, powder형) : 가볍게 러빙 - gommage제 : 건조 후 가볍게 러빙 - enzyme제(cream, powder형) : 스팀 병행 - AHA, BHA(노화, 과각화, 색소침착)	스티머 브러시 해면
nutrition	- 수용성 앰플 : 비타민 C, 플라센타, 엘라스틴, 콜라겐 앰플 + 바이탈이온토 - 지용성 앰플 : 쉐어 버터, 로얄 제리, 비타민 A 캐비어 오일 + 고주파기기 사용	해면(스펀지), 화장솜 이온토포레시스, 고주파
massage	영양 마사지 크림 또는 콜라겐 크림 + essential oil (림프드레나지, 근육 매뉴얼 테크닉)	스파튤라, 볼
mask / pack	재생(콜라겐 벨벳시트지), 영양(캐비어), 보습(알개) 마스크 사용가능	아이패드, 볼, 브러시, 스파튤라
protection	보습토닉 → 보습 재생 에센스 → 아이크림 → 영양 크림 → 자외선 차단제	화장솜, 스파튤라
관리 point	- 림프드레나지로 혈액순환 촉진 - 딥클렌싱제는 피부 특성에 맞게 사용 - 이온토프레시스와 고주파를 이용 앰플 흡수 - 충분한 보습과 재생 영양 공급 - 자외선차단제 사용으로 광노화 예방	

(3) 홈 케어

홈 케어(Home care)	
Day care	보습 클렌징 밀크 또는 물세안 + 보습 토닉 + 보습 재생 에센스 또는 세럼 + 아이크림 + 재생 데이크림 + 자외선 차단제
Night care	부분화장 지우기 + 보습 클렌징 밀크 + 보습 토닉 + 보습 재생 에센스 또는 세럼 + 아이크림 + 재생 나이트 크림

(4) 지시사항

- 비누 사용을 금하고 밀크 타입의 세안제를 사용한다.
- 피부 건조 해소로 촉촉한 유분베이스의 영양 에센스와 영양크림을 사용한다.
- 세포 재생을 유도할 수 있는 성장인자, 코엔자임 Q10, 여성 호르몬 크림 등을 사용하여 피부재생을 도와준다.
- 반드시 자외선 차단제를 사용한다.
- 건성용 화운데이션을 사용한다.
- 주 1회 딥 클렌징 실시
- 주 1~2회 보습영양 마스크 실시
- 주 1회 콜라겐, 세포성장인자(EGF) 등 재생 마스크 실시

♣ 노화 피부 고객상담

【 Question 】

1. 눈 주위가 검어서 나이 들어 보인다거나 몸이 아파 보인다는 이야기를 많이 듣습니다. 관리방법이 있나요?
2. 피부노화를 막으려면 평소에 어떤 점에 신경 써야 할까요?
3. 오른쪽 얼굴이 왼쪽에 비해 주름이 더 진하고 많은데 왜 한쪽만 그런가요?
4. 노화의 원인은 무엇인가요?
5. 피부가 많이 늘어지는데 집에서 간단히 할 수 있는 탄력 마사지는 어떻게 하나요?

표 4-31 고객관리카드

고객관리카드					
고 객 명		생년월일			
주 소					
연 락 처		성별			
방문동기		취미		직업	
복용중인 약물		병력			
건강상태 (현재)		피부관리 경험 여부			

피부타입 (Skin type)	정상 □ 건성 □ 지성 □ 복합성 □
피부두께 (Texture)	얇다(Fine) □ 정상(Normal) □ 두껍다(Thick) □
피부수분정도 (Skin moisture content)	낮다(Low) □ 보통(Average) □ 높다(High) □
혈액순환정도 (Skin blood circulation)	나쁘다(Pool) □ 보통((Average) □ 좋다(Good) □
근육 발달정도 (Muscle tone)	나쁘다(Pool) □ 보통(Average) □ 좋다(Good) □
피부 민감도 (Skin sensitivity)	정상(Normal) □ 민감(Sensitive) □ 매우 민감(Very sensitive) □
주름정도 (Lines)	표면주름(Superficial lines) □ 표정주름(Expression lines) □ 노화주름(Wrinkles) □

<table>
<tr><td rowspan="11">얼굴의
피부문제 표기</td><td rowspan="11">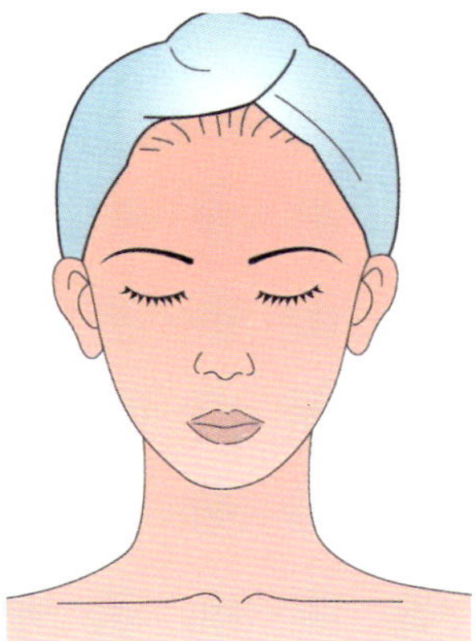</td><td>비화농성 여드름(Comedones)</td></tr>
<tr><td>구진(Papules)</td></tr>
<tr><td>농포(Pustules)</td></tr>
<tr><td>한관종(Milia)</td></tr>
<tr><td>주사(Rosacea)</td></tr>
<tr><td>모세혈관확장(Talangiectasis)</td></tr>
<tr><td>흉터(Scars)</td></tr>
<tr><td>켈로이드(Keloid)</td></tr>
<tr><td>과색소(Hyper-pigmentation)
- 주근깨(Freckles)
- 기미(Melasma)
- 갈색반점(Brown sports)</td></tr>
<tr><td>저색소(Hypo-pigmentation)</td></tr>
<tr><td>기타 :</td></tr>
</table>

표 4-32 실습보고서 1

실습보고서

실습일자 : 피시술자(고객) : 시술자(관리자) :

관리대상자의 피부상태	
관리목적	

실습과정(시술시간, 사용기기, 시술방법 기록)

순서	관리단계	제품명 (화장품의 유형)	적용방법	적용범위 및 시간

사용기기	기기명	적용범위 및 시간	적용 방법	관리시 주의사항
피부 분석시				
피부 관리시				

실습과정 중 유의사항		
시술 결과	시술 전	
	시술 후	
Home care		

표 4-33 실습보고서 2

실습보고서

실습일자 : 피시술자(고객) : 시술자(관리자) :

피시술자의 피부상태	
관리목적 및 기대효과	

일자	순차	관리기록	책임자명

<table>
<tr><td colspan="2">실습과정 중 유의사항</td><td></td><td>얼굴 문제점 표시</td></tr>
<tr><td rowspan="2">시술 결과</td><td>시술 전</td><td></td><td rowspan="2">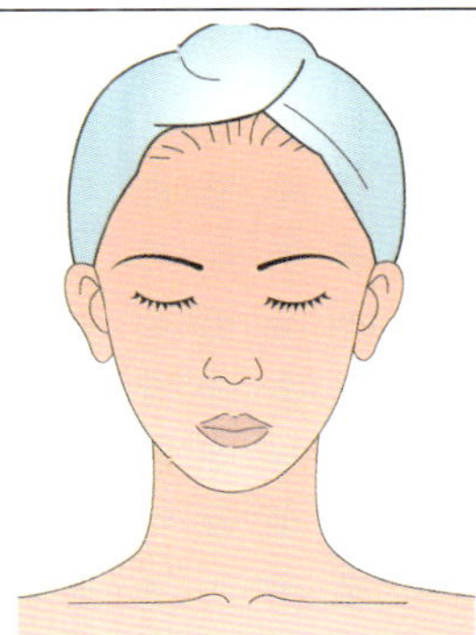</td></tr>
<tr><td>시술 후</td><td></td></tr>
<tr><td colspan="2">Home care</td><td colspan="2"></td></tr>
</table>

9. 모세혈관확장 피부(Couperose skin)

1) 정의

모세혈관은 신축성이 있으므로 혈액순환의 양이 증가하면 굵어지고 감소하면 다시 원상태로 돌아간다. 그러나 모세혈관 확장증은 모세혈관의 신축성이 저하되어 굵어진 혈관이 다시 원상태로 돌아가지 않는 상태이다. 즉 모세혈관의 신축성이 감소되어 주로 코, 뺨, 콧망울 주위 표면으로 실핏줄이 보이는 피부로서 외관상 모공이 작고 피부가 희고 표피가 매우 얇고 섬세하며, 자외선이나 바람, 열, 추위나 더위 등의 자극에 쉽게 붉어지는 것이 특징이다. 또한 혈액순환의 저하로 피부 톤이 고르지 못하며, 표피의 영양 공급 상태가 불량하여 신진대사나 피부재생이 저하된 상태를 말한다.

(1) 피부 혈액순환

피부 혈관 구조는 동맥, 정맥, 모세혈관이 그물망 형태로 구성되어 있는데 주로 유두층에 분포되어 층을 이룬 격자 모양을 하고 있다.

진피 밑부분(망상층)에서 올라와 치솟은 형태의 가지들은 피부표면(유두층) 동 · 정맥으로 순환을 한다. 미세 동맥은 유두층의 동 · 정맥에서 나와 유두 상층에서(고리모양의 모세혈관) 구심성 동맥이 되고 원심성 정맥으로 진행이 된 다음 다시 유두층 하부로 이동된다. 이때 혈관과 주변 환경과의 만남이 이뤄지는 곳이 모세혈관부위이며 이곳에서 노폐물과 산소와 영양분들이 교환되는 신진대사가 이뤄진다.

(2) 혈관의 구조

동맥의 경우 2개의 섬유질층과 3개의 막들로 이루어져 있다. 섬유질층은 외부 섬유층(external fibrous structure)과 내부 섬유층(internal fibrous structure)으로 되어 있는데, 콜라겐과 엘라스틴 섬유질로 되어있다. 3개의 막들은 내막(intima), 중막(media), 외막(adventice)이라 불리며, 이 막들은 근육세포들로 이루어져 있는데 이 근육 세포들은 접착물질(bond)에 의해 단단하게 결합되어 있다.

혈관의 탄력은 섬유질층에 있는 엘라스틴의 탄력작용과, 막들을 구성하고 있는 근육세포들의 수축작용에 의해 유지되는데, 나이가 들거나 혈관이 약한 사람들은 혈관의 섬유질 층에 엘라스틴이 점점 줄어들고, 딱딱하게 경화된 콜라겐 섬유질로 대체되어지고, 막을 이루고 있는 근육 세포들 사이의 결합력이 감소됨으로 인해 혈관은 늘어나고 손상되게 된다.

2) 쿠퍼로즈(Couperose)의 발생

사춘기에서부터 성년에 이르기까지 피부가 붉게 충혈되는 홍반 증상이 나타난 후에 발생한다.

형태는 영구적 홍반이 생겨 있고 그 위에 혈관의 확장이 보인다. 예민성 피부의 사람은 쉽게 홍반이 발생되며 시간이 지나면서 모세혈관확장증(telangiectasis)이 발생될 수 있다. 예민성 피부의 마지막 단계를 쿠퍼로즈(couperose)라고 하는데 홍반과 모세 혈관 확장증을 동반하여 나타나는 것으로 특징 지을 수 있다. 모세혈관확장증은 모세혈관 또는 말단 혈관의 심각한 확장현상을 말한다.

3) 모세혈관확장 피부(Couperose skin)를 만들어 내는 과정

발생과정 : 홍반 → 만성적 붉음증 → 모세혈관확장증 → 모세혈관확장 피부

(1) 홍반(Erythema)

자외선 등의 어떤 자극 인자들에 의해 일시적으로 피부가 붉어지는 증상이다. 피부색은 혈액 흐름의 증가로 붉게 충혈되고 피부 온도도 함께 높아지는 현상이다.

(2) 만성적 붉음증(Erythrosis)

시간이 지남에 따라 충혈 상태는 좀 더 자주 반복되고 동시에 쉽게 사라지지 않거나 느리게 사라진다. 이것은 모세혈관 벽이 확장되기 전 상태로 되돌아가는 능력이 점차 떨어지는 것을 의미한다. 환경이나 감정 인자에 의해 일시적으로 나타나는 현상이 아니고 빰이 수시로 붉어지는 상태로 온도의 변화나 스트레스, 정서적인 감정의 변화에 기인하여 만성적인 붉은 상태를 말한다.

(3) 모세혈관확장증(Telangiectasis)

영구적인 충혈은 진피 모세혈관벽 구조의 변화를 가져온다. 모세혈관이 점진적으로 탄력을 잃어가고 영구적인 확장 상태에 도달하는 것은 모세혈관 주위의 진피 조직의 탄력성이 감소되기 때문이다.

시간이 지남에 따라 혈액의 흐름이 눈에 보이는 영구적인 모세혈관이나 세동맥이 확장되는 형태를 볼 수 있는데 이러한 증상을 telangiectasis라고 부른다.

telangiectasis는 거미줄 형태와 붉고 푸르스름한 색을 나타내며 특히 주변 피부색이 정상일 때 더 눈에 띈다. 광대뼈, 뺨, 콧망울 주위, 턱 등에 주로 나타난다.

(4) 모세혈관확장 피부(Couperose skin)

확산된 홍반과 모세혈관확장증은 분리해서 나타나나 함께 발생될 수도 있다. 이때 쿠퍼로즈라고 부른다. 쿠퍼로즈 현상은 남성보다는 여성에게 더 많이 나타나며 특히 악조건의 환경(대기)에 있는 섬세하고 건성인 피부에 많이 발생되어 진다. 또한 피하연결조직의 탄력과 강화력이 부족한 35~40세의 나이에서 많이 볼 수 있다.

4) 쿠퍼로즈(Couperose)를 일으키는 인자

(1) 외적 인자 : 가장 영향이 큰 인자

- 강한 물리적 자극(지나친 마사지, 필링 방법, 스크럽의 과다 사용 등)
- 잘못된 세안습관(강한 계면활성제, 지나치게 찬물이나 더운물 사용)
- 급격한 기후 변화(바람, 온열, 한냉, 습도)
- 고온에 장기간 또는 반복적 노출(사우나 등)
- 만성적 자외선 노출
- 흡연, 알콜, 자극적인 음식(향신료, 맵고 뜨거운 음식)
- 스테로이드제의 내복 및 외용 연고 오남용
- 화학물질 감염증
- 방사선조사, 수술 후나 외상

(2) 내적 인자 : 자율 신경계의 영향

- 유전적 소인(가족력)
- 교감, 부교감 신경계의 지나친 활성
- 심한 정신적 스트레스(불안, 초조, 흥분 등), 자연적으로 발생되는 감정과 육체적 리듬
- 소화 및 내분비 장애, 임신이나 경구 피임제, 호르몬의 불균형, 갱년기
- 비타민 결핍

5) 모세혈관확장 피부(Couperose skin)가 발생되기 쉬운 대상

- 보호막이 결핍되어 있는 유분부족 피부이며 섬세한 피부에 가장 많이 발생
- 흰 피부를 가진 사람
- 혈관 자체의 결함이나 문제가 있는 사람(진피의 결합조직의 약화)
- 35~40세에서 많이 발생
- 남성은 영향을 덜 받으나 나쁜 식사습관과 알콜, 과도한 흡연, 나쁜 작업 조건에 노출되었을 때 발생
- 병리학적 요인으로 주사(rosacea)라고 불리는 피부염을 일으키는데 헤어난포와 관련이 있는 염증성을 보이기도 한다.
- 쿠퍼로즈 발생 부위 : 코와 광대뼈 부위, 심한 경우는 얼굴 전체에 발생

6) 모세혈관확장 및 예민 피부관리 활성성분

(1) 위치하젤(Witch hazel)

하마멜리스(hamamelis) 잎에서 추출한다. 처음 바를 때 피부에 싸한 느낌을 준다.

미세 혈액순환(microcirculation)촉진으로 인해 혈액 분산작용과 더불어, 수분정체로 인한 부종을 완화시키는 작용을 한다. 피부 손상을 예방하고 수렴효과를 준다.

바이오플라보노이드(bioflavonoid)(항산화력 향상, anti-aging)가 많이 함유되어 있기 때문인데, 이 성분이 혈관막을 구성하고 있는 근육세포들을 수축하는 작용을 한다고 알려져 있다.

멍든 증세(bruise)나, 정맥류 완화, 붉은기 감소 외에 지혈작용을 위해 사용되기도 한다.

(2) 마로니에(Horse chestnut)

- 마로니에(marronnier) 열매와 잎에서 추출한다.
- 이 추출액에 함유된 쿠마린(coumarins)과 에스쿨린(esculin) 성분들은 혈관의 투과성을 향상시켜 혈액이 조직으로 분산되어 영양분을 전달할 수 있게 해준다.
- 혈액 순환 촉진 작용이 있어 정맥류나 수분정체 현상(부종)에 많이 사용되어 왔다.
- 혈관 섬유질층의 탄력 유지, 혈관 수축(탄력) 작용
- 항염작용, 진정작용, 혈관보호작용, 피부 방어력 증강 등의 효과가 있다.

(3) 적포도주 추출액(Red wine extract)

혈관 강화 성분으로 바이오플라보노이드(bioflavonoid)와 탄닌(tannin) 성분이 근육세포를 수축하여 혈압을 떨어뜨리고, 근육 섬유질층에 탄력강화 효과를 준다. 수렴작용, 항염작용, 진정작용, 항알러지, 항히스타민, 자외선차단, 항산화, 항암작용을 한다.

(4) 비타민 P(Vitamin P ; Bioflavonoid)

- 노란색의 수용성 복합물질로 되어 있으며, 로즈힙이나 감귤류 껍질 안에 붙어있는 하얀색의 폭신한 중과피층에 들어있다.
- 혈관막에 있는 근육세포 사이의 접착제(bond)로 숫자가 증가할 수록 혈관의 탄력회복, 모세혈관 벽의 저항력 강화, 비타민 C의 작용을 상승시킨다.
- 비타민 C의 작용을 상승시켜 항산화 작용을 높여주고, 콜라겐의 합성에도 관여하며, 섬유모세포를 건강하게 하여 여러 피부조직과 구성 물질, 연골조직의 생산을 촉진한다.
- 씨트러스 바이오플라보노이드(citrus bioflavonoid) 속의 루틴(rutin)과 헤스페리딘(hesperidin)이 모세혈관의 투과성과 안정성에 매우 유익한 효능이 있으며, 이 외에도 항히스타민(antihistamine)작용도 있어 알러지 작용을 완화시키는 효과가 있다.

(5) 비타민 K(Vitamin K)

혈액응고와 관련하여 혈관 강화 및 복구를 위해 가장 많이 사용되고 있는 성분이다.

(6) 카모마일(Chamomile)

- 저먼 카모마일(german chamomile)과 로만 카모마일(roman chamomile) 등 두가지 타입이 있다.
- 아줄렌(azulene)과 비사볼올(bisabolol) 들이 카모마일에서 추출한다.
- 항염효과, 진정 효과 및 통증완화 효과 등이 있으며 소독 및 탈취효과를 위해 사용되기도 한다.
- 정신을 맑게하고 편안한 느낌을 얻기 위해 차로도 많이 애용한다.

(7) 아줄렌 오일(Azulen oil)

- 카모마일 꽃에서 얻어지는 정유(essential oil)중 10% 가량이 짙은 청색의 색소를 가지고 있다.

- 약용식물로서 항염효과(anti-inflammation)가 매우 탁월하다.
- 상처난 부위에 치유작용(healing process)도 한다.
- 모세혈관 확장피부에 보호작용을 해주어 피부의 건조함을 해소시켜주면서 예민 증상을 감소시킨다.
- 100% 오일 상태로는 건성 예민 피부에 매우 적합하며, 지성 여드름 피부를 위해서는 수용성 베이스와 혼합된 제제를 사용해야 한다.

(8) 비사볼올(Bisabolol)

- 항염증, 항균증, 진정작용이 있으며 카모마일이나 서양톱풀(yarrow)에서 추출한다.

(9) 금잔화(Calendula)

- Pot Marigold라는 이름으로 알려진 약용식물이다.
- 꽃에서 추출한 오일은 노란색의 카로티노이드(carotinoid), 사포닌(saponin), 수지(resin) 그리고 몇 가지 씁쓸한 맛의 성분들이 함유되어 있다.
- 피부의 자극을 완화시킨다. 지혈 작용을 위해서도 사용되었고, 혈압을 낮추는 효과도 있으며, 모세혈관 수축작용, 방부, 진정, 상처 치유 작용의 효과가 있다.
- 선번(sun-burn)과 표피성 홍반에 도움이 되는 성분이다.

(10) 밤 민트(Balm mint)

- 아프리카나 아시아지역 상록수 잎에서 추출한다.
- 매우 강한 향을 가지고 있으며 타박상에 사용하면 치료도 빠르며 멍도 빨리 사라진다.
- 피부에 진정효과와 치유효과가 있어 예민한 피부나 알러지가 잘 생기는 피부에 많이 사용된다.

(11) 라임 블로솜(Lime blossom)

- 연노란색 꽃잎에 탄닌(tannin), 플라보노이드(flavonoids) 등이 함유되어 있다.
- 진정작용 및 신경의 긴장을 완화시키며, 표피작용을 촉진시키는 효과가 있다.
- 예민한 피부나 알러지가 잘 생기는 피부에도 사용되고 있다.

(12) 컴프리(Comfrey)

- 잎과 뿌리에는 알란토인(allantoin), 점액질(mucilage), 탄닌(tannin) 등 함유

- 알란토인(allantoin)은 세포증식인자로 손상된 피부조직의 재생을 도와주는 작용을 한다.
- 함염작용

(13) 알란토인(Allantoin)

- 컴프리 뿌리에서 주로 얻으며, 식물에 있는 요산(uric acid) 화합물의 신진대사과정에서 나오는 성분이다.
- 상처치유력(wound healing power)이 뛰어나며, 종기나 피부염 등의 염증 완화시키는 효과도 있다. 피부에 화상을 입거나 손상을 입었을 때, 상처 부위를 진정시켜주고, 건강한 피부조직을 신속히 자라날 수 있도록 촉진시키는 작용을 한다.

(14) 세인트 존스 워트 오일(St. John’s wort oil)

- 붉은색 색소인 하이페리신(hypericin)이 함유되어 있다.
- 혈액색깔에 해당하는 붉은색 쥬스에서 얻어진 추출액은 치유력(healing power)이 있다.
- 진정제와 상처치유물질(wound healing process)로서 알려져 있다.
- 항균성과 항염증작용이 우수하다.
- 민감하고 예민한 알러지성 피부에 효과적이다.

(15) 알로에(Aloe)

- 살균효과 및 항균작용이 뛰어나 여드름, 아토피, 곰팡이 균, 상처 등의 피부질환 완화에 효과적이다.
- 면역작용과 관련해서는 알로에 성분인 알프로젠이 알러지반응을 억제하는 효과가 있다.
- 보습, 항염 작용, 항알러지 효과, 진정작용, 혈액순환촉진 작용이 뛰어나며, 모세혈관 투과성을 감소시키는 효능을 가지고 있다.

(16) 루틴(Rutin)

- 메밀 종자와 잎 줄기 등에 루틴(rutin), 퀘르세틴(quercetin)과 비텍신 (vitexin) 등의 항 산화성 플라보노이드(flavonoid)가 들어있다. 이 물질들이 모세혈관 강화인자이다.
- 피부 모세혈관을 위해 탄력, 강화성질을 가진 것으로 모세혈관 확장을 방지하는 것으로 알려져 있다.

모세혈관확장 피부관리 프로그램 (Couperose skin treatment program)

I. 모세혈관확장 피부 일반 관리(Couperose skin basic treatment)

(1) 관리 목적

- 피부 방어력 증진
- 모세혈관 복구 및 강화(비타민 C, K, P 공급)
- 진정, 보습 관리
- 혈액순환 촉진

(2) 관리 시간 및 횟수

- 관리시간 : 약 50분
- 횟　　수 : 주 1회, 5~10회 관리

표 4-34 모세혈관확장 피부 일반관리 프로그램 (Couperose skin basic treatment program)

단계	관리방법	사용기기 및 도구
point make-up cleansing	부분화장 전용 클렌징 제품	화장솜, 면봉
cleansing	아쥴렌, 카모마일, 세라마이드 성분 등 진정, 보습 성분들이 함유된 밀크 클렌징 타입	해면(스펀지)
tonic	위치하젤, 감초, 마로니에 성분이 함유된 토닉 무알콜 확인, 합성향 배제	스프레이 타입
skin analysis	육안, 정밀 관찰로 자각증상 및 피부상태 평가 - 문진을 통해 스트레스 여부, 세안 및 식생활습관 체크	확대경, 우드램프 유 · 수분 측정기
deep cleansing	예민용 크림 타입 모세혈관확장 부위는 피하고, T-zone 부위에만 가볍게 한다.	브러시, 해면(스펀지)
nutrition	아쥴렌, 카렌듈라, 라벤더, 히아루론산 등의 모세혈관강화 및 진정, 보습 성분이 함유된 앰플 또는 비타민 앰플	이온토포레시스
massage	영양크림 + 아쥴렌, 카모마일 essential oil (안티스트레스 매뉴얼 테크닉, 림프드레나지)	볼, 스파튤라
mask / pack	콜라겐 벨벳, 알긴, 해초팩 아쥴렌이나 혈관강화 성분 마스크	아이패드, 브러시, 볼 스파튤라, 면 패드(솜)
protection	토닉 → 진정&보습 에센스 → 아이(겔 또는 크림) → 쉐어버터, 세라마이드 성분 함유 크림 → 자외선 차단제(무자극)	스파튤라
관리 point	- 모세혈관 강화, 피부의 방어기능 증진 - 얼굴이 쉽게 붉어지는 경우, 강한 마사지 테크닉은 피한다.	

(3) 홈 케어

홈 케어(Home care)	
Day care	예민용 클렌징밀크 또는 물세안 + 토닉(아쥴렌, 알란토인) + 예민용 에센스 + 아이(젤/크림) + 모세혈관 강화크림 + 자외선 차단제
Night care	부분화장 지우기 + 예민용 클렌징밀크 + 토닉(아쥴렌, 알란토인) + 혈관강화앰플 + 아이(젤/크림) + 모세혈관 강화크림

(4) 유의사항

- 강한 물리적 마찰 주의
- 밀크 타입의 무자극 클렌저 사용
- 딥클렌징은 T-zone 부위만 주1회 실시
- 팩 제거 시 해면(스펀지) 사용하지 말고 면 패드(솜) 이용(주1~2회 진정용 마스크)
- 모세혈관 강화 성분인 비타민 K, P와 C 함유 성분 권유
- 보호 강화(보습, 재생, 자외선 차단제)
- 외출 후 얼굴 붉어짐 방지위해 cool팩, 수분팩 사용(peel off 보다는 wash off 사용)

Ⅱ. 모세혈관확장 피부 특수관리 (Couperose skin special treatment)

(1) 관리 목적

- 피부 방어력 증진
- 모세혈관 복구 및 강화(비타민 C, K, P 공급)
- 진정, 보습, 재생관리
- 혈액순환 촉진

(2) 관리 시간 및 횟수

- 관리시간 : 약 60분
- 횟　　수 : 주 1~2회씩, 5~10회 관리

표 4-35 모세혈관확장 피부 특수관리 프로그램
(Couperose skin special treatment program)

단계	관리방법	사용기기 및 도구
point make-up cleansing	부분화장 전용 클렌징 제품	화장솜, 면봉
cleansing	아줄렌, 카모마일, 세라마이드 성분 등 진정, 보습 성분들이 함유된 밀크 클렌징 타입	해면(스펀지)
tonic	위치하젤, 감초, 마로니에 성분이 함유된 토닉 무알콜 확인, 합성향 배제	스프레이 타입
skin analysis	육안, 정밀 관찰로 자각증상 및 피부상태 평가 - 문진을 통해 스트레스 여부, 세안 및 식생활습관 체크	확대경, 우드램프 유·수분 측정기
deep cleansing	예민용 크림 타입 모세혈관확장 부위는 피하고, T-zone 부위만 가볍게.	브러시, 해면(스펀지)
nutrition	혈관벽 강화 작용 성분 - 비타민 P 앰플 : 마로니에(호스 체스넛), 적포도주, 인삼, 은행잎 등에 비타민 P 풍부	이온토포레시스
massage	영양크림 + 아줄렌, 카모마일 essential oil (안티스트레스 매뉴얼 테크닉, 림프드레나지)	볼, 스파튤라
mask / pack	콜라겐 벨벳 + ginkgo biloba 혹은 spiruline 성분이 동결건조된 특수마스크	아이패드, 브러시, 볼 스파튤라, 면 패드(솜)
protection	토닉 → 진정&보습 에센스 → 아이(겔 또는 크림) → 비타민 P, 쉐어버터, 세라마이드 성분 함유 크림 → 자외선 차단제(무자극)	스파튤라
관리 point	- 모세혈관 회복 및 강화 - 피부의 방어기능 증진	

(3) 홈 케어

홈 케어(Home care)	
Day care	예민용 클렌징(밀크) 또는 물세안 + 토닉(아쥴렌, 알란토인) + 예민용 에센스 + 아이(젤/크림) + 모세혈관 강화크림 + 자외선 차단제
Night care	부분화장 지우기 + 예민용 클렌징밀크 + 클렌징 폼 + 토닉(아쥴렌, 알란토인) + 혈관강화앰플 + 아이(젤/크림) + 모세혈관 강화크림

(4) 유의사항

- 강한 물리적 마찰 주의
- 밀크 타입의 무자극 클렌져 사용
- 딥클렌징은 T-zone 부위만 주1~2회 실시
- 팩 제거 시 면 패드(솜) 이용(주1~2회 진정, 재생 마스크)
- 모세혈관 강화 성분인 비타민 K, P와 C 함유 성분 권유
- 피부 재생 및 보호

♣ 모세혈관 확장피부 고객상담 ♣

【 Question 】

1. 쉽게 얼굴이 빨개져서 대인관계에 문제가 많습니다. 왜 이런 일이 생기는 걸까요?
2. 모세혈관확장 피부관리 시 사우나나 찜질방을 가면 더 심해지지 않을까요?
3. 연고를 많이 사용하면 얼굴이 붉어지고 예민해진다던데 사실인가요?
4. 눈썹, 코 주위, 뺨이 붉게 되고 각질이 일어납니다. 과음하거나 과로한 다음날에는 더 심한데 왜 그런가요?
5. 운동을 하거나 여름에 잠깐만 외출해도 빨개지는데 왜 그런가요?

표 4-36 고객관리카드

고객관리카드					
고 객 명		생년월일			
주 소					
연 락 처		성별			
방문동기		취미		직업	
복용중인 약물		병력			
건강상태 (현재)		피부관리 경험 여부			

피부타입 (Skin type)	정상 □ 건성 □ 지성 □ 복합성 □
피부두께 (Texture)	얇다(Fine) □ 정상(Normal) □ 두껍다(Thick) □
피부수분정도 (Skin moisture content)	낮다(Low) □ 보통(Average) □ 높다(High) □
혈액순환정도 (Skin blood circulation)	나쁘다(Pool) □ 보통((Average) □ 좋다(Good) □
근육 발달정도 (Muscle tone)	나쁘다(Pool) □ 보통(Average) □ 좋다(Good) □
피부 민감도 (Skin sensitivity)	정상(Normal) □ 민감(Sensitive) □ 매우 민감(Very sensitive) □
주름정도 (Lines)	표면주름(Superficial lines) □ 표정주름(Expression lines) □ 노화주름(Wrinkles) □

얼굴의 피부문제 표기	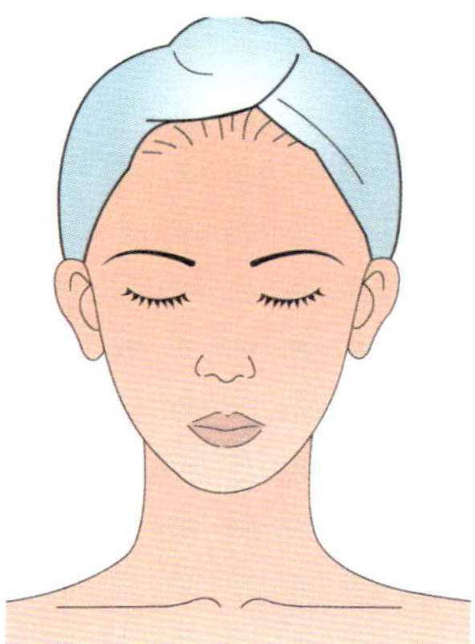	비화농성 여드름(Comedones)
		구진(Papules)
		농포(Pustules)
		한관종(Milia)
		주사(Rosacea)
		모세혈관확장(Talangiectasis)
		흉터(Scars)
		켈로이드(Keloid)
		과색소(Hyper-pigmentation) - 주근깨(Freckles) - 기미(Melasma) - 갈색반점(Brown sports)
		저색소(Hypo-pigmentation)
		기타 :

표 4-37 실습보고서 1

실습보고서

실습일자 : 피시술자(고객) : 시술자(관리자) :

관리대상자의 피부상태				
관리목적				
실습과정(시술시간, 사용기기, 시술방법 기록)				

순서	관리단계	제품명 (화장품의 유형)	적용방법	적용범위 및 시간

사용기기	기기명	적용범위 및 시간	적용 방법	관리시 주의사항
피부 분석시				
피부 관리시				

실습과정 중 유의사항		
시술 결과	시술 전	
	시술 후	
Home care		

표 4-38 실습보고서 2

<table>
<tr><th colspan="2">실 습 보 고 서

실습일자 :   피시술자(고객) :   시술자(관리자) :</th></tr>
<tr><td>피시술자의
피부상태</td><td></td></tr>
<tr><td>관리목적 및
기대효과</td><td></td></tr>
</table>

일자	순차	관리기록	책임자명

<table>
<tr><td colspan="2">실습과정 중
유의사항</td><td></td><td>얼굴 문제점 표시</td></tr>
<tr><td rowspan="2">시술
결과</td><td>시술 전</td><td></td><td rowspan="2">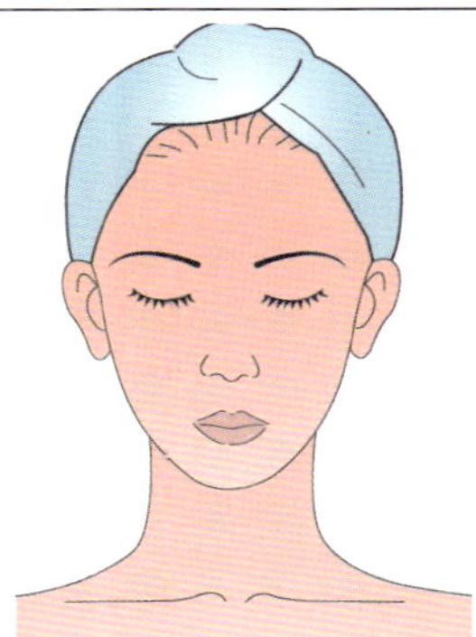</td></tr>
<tr><td>시술 후</td><td></td></tr>
<tr><td colspan="2">Home care</td><td colspan="2"></td></tr>
</table>

chapter

5

부분 관리

1. 경부 관리
2. 눈과 입술 관리

chapter 5

부분 관리

1. 경부 관리(Neck treatment)

1) 특성

목의 근육은 스트레스에 민감할 뿐 아니라 이로 인한 경직과 통증이 많이 발생한다. 또한 구조적인 취약함으로 인해 많은 근육군이 세밀하고 복잡하게 얽혀 있으므로 시술자는 국소적인 해부학을 숙지하여 올바른 매뉴얼테크닉을 적용해야 한다.

이는 피부관리 시술 전이나 마무리 관리로 이용하거나 목의 근육에 문제가 발생하였을때 활용하면 효과적이다. 승모근과 척추 기립근, 견갑골, 목 부위를 마사지해 줌으로써, 경부의 긴장된 부분을 이완될 수 있도록 하여 순환을 원활하게 해주면 이후에 있을 관리 효과를 높여 줄 뿐 아니라, 경부 근육과 관련된 질환 예방에도 효과적이다.

경부의 근육과 피부 조직을 스트레칭 해주고 유연성을 주며, 강찰법(friction)으로 뭉치고 아픈 근육을 풀어준다.

2) 손상 원인

- 노화로 인한 주름
- 자세에서 오는 경부 결림
- 과도한 스트레스
- 혈액 순환장애

3) 관리 목적

- 탄력(firming)
- 혈액순환(blood circulation)
- 보호(protection)

4) 목(경부) 관리

1. 쇄골아래 수근늑골 풀기

쇄골아래부터 수근을 이용하여 늑골 윗부분을 한 쪽씩 교대로 가운데 방향으로 3회씩 돌린다.

2. 하악근 풀기

4지 유념 및 당기기

3. 넓은목근 (광경근) 마사지

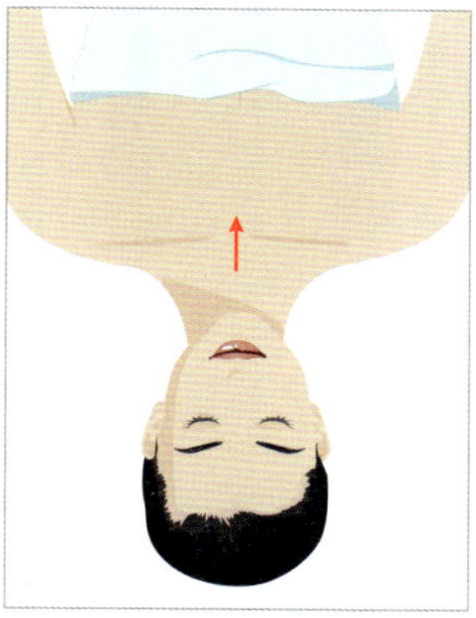

목 근육을 덮고 있는 가장 바깥의 얇은 근육층으로 아래턱을 내리거나 목의 피부를 신전시켜 목의 주름 예방, 인후염, 편도선염 예방에 도움을 준다.

숨골에서 시작하며 양엄지를 겹쳐 가볍게 아래위로 흔들어 준다.

4. 목빗근(흉쇄유돌근) 마사지

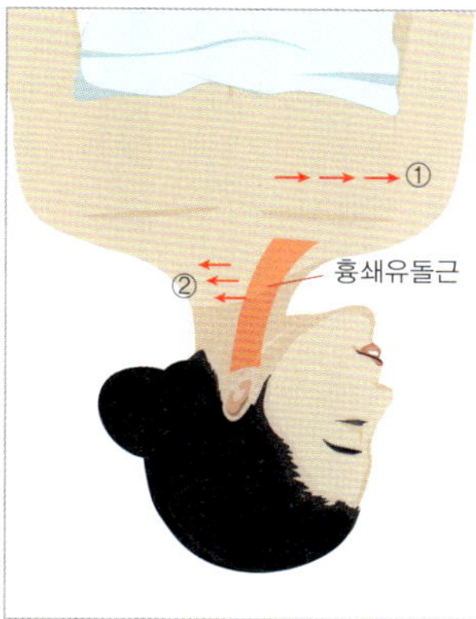

경추의 양측 굴곡을 담당하고 같은 방향 경추의 외측 굴곡, 반대방향으로는 두부회전을 담당하고, 양쪽으로 작용하면 얼굴을 위로 올리는 역할을 하며 흉골, 쇄골, 유양돌기에 부착되어져 이 근의 문제발생시 안면의 제반질환 및 두통, 어지럼움, 멀미 등을 일으킨다.

① 쇄골아래 근육을 엄지를 이용하여 좌우로 가볍게 흔들어 준다.
② 얼굴을 옆으로 돌려 엄지로 흉쇄유돌근의 측면부분을 목 외측으로 빼듯이 끌어준 후, 엄지와 검지로 흉쇄유돌근을 잡고 아래위로 가볍게 흔들어 준다.

5. 널판근육(판상근 마사지)

좌 · 우 근육이 동시에 작용하면 머리를 신전시키는 기능을 하며 이 근육에 문제가 생기면 편두통, 눈의 피로, 목의 회전 제한, 현기증을 유발한다.

① 양 손으로 목 측면을 감싸고 머리 방향으로 목 전체를 돌려준다.
② 양 손을 교대로 한쪽씩 주무른다.

6. 목갈비근육(사각근) 마사지

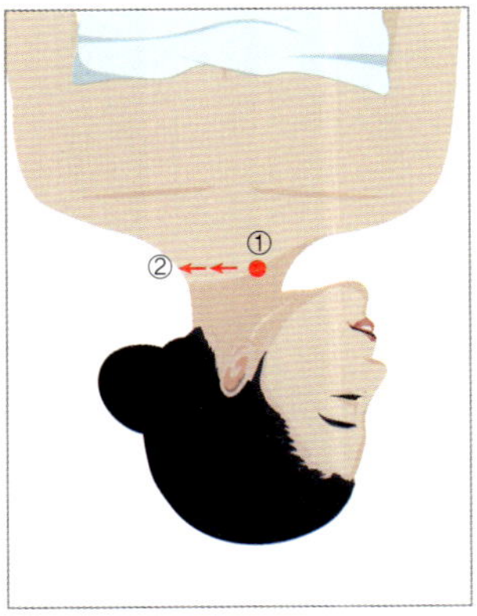

머리를 좌우로 안정화시키는 작용을 하는 근육으로 고개를 숙이거나 옆으로 구부리게 하는 역할을 한다. 또한 이 근육이 단축되어 팔과 어깨의 통증이 잦을 경우, 목이 뻣뻣해지는 증상을 유발한다.

① 얼굴을 측면으로 돌리고 엄지로 근육을 따라 압한다.
② 고개를 측면으로 돌리고 어깨 방향을 향해 밀어 신전시킨다.

7. 후두하근 마사지

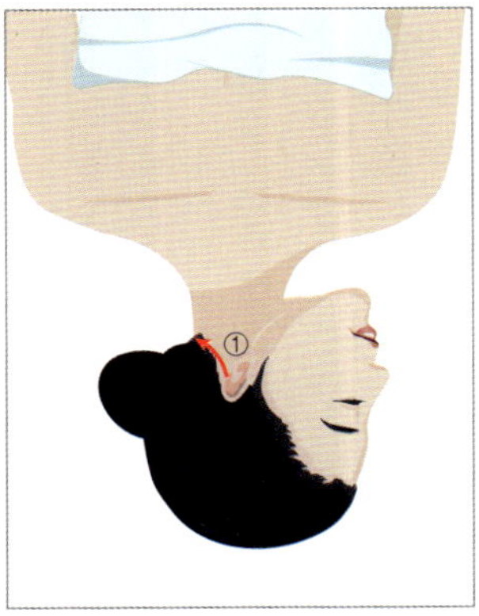

위머리빗근(상두사근), 아래머리빗근(하두사근), 작은뒤머리곧은근육(소후두직근), 큰머리곧은근육(대후두직근) 등 4개의 근육으로 구성된다. 이는 제 1경추와 2경추, 두개골을 연결하는 근육으로 산소를 공급하는 추골동맥이 지나가는 지점이며 문제가 발생하면 모든 두통, 목 회전 제한, 혈압 관련한 증상이 나타난다.

① 고개를 측면으로 돌리고 헤어라인을 따라 엄지로 압한다.
② 후두하근을 양손끝으로 잡고 한 손가락씩 짧게 머리방향으로 당긴다.
③ 후두하근을 양손끝으로 잡고 턱이 움직이도록 가운데 방향으로 돌린다.

8. 후 경부근 마사지

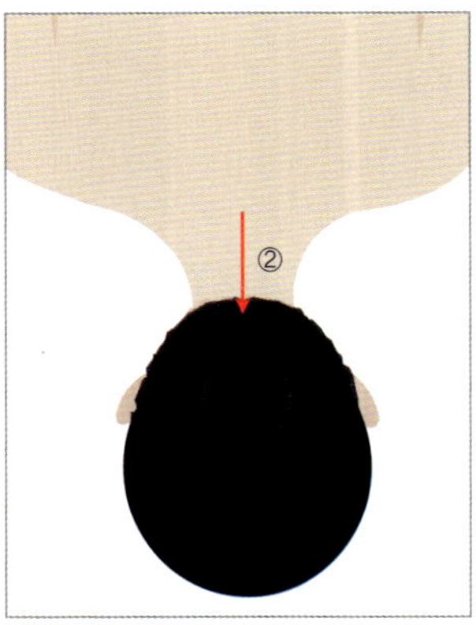

두개부와 경추의 신전과 회전에 관여하며 문제가 생기면 뒷목의 뻣뻣함, 두통, 머리를 숙이려할 때의 제한, 목의 회전시 경추부위의 심한 통증과 당김현상이 발생한다.

① 머리를 받친상태에서 뒤로 당기듯이 한 손으로 목 전체를 잡고 주무르고 압한다.
② 양손 끝을 겹쳐 경추 7번부터 머리방향으로 향해 손끝으로 가볍고 리듬감있게 경추를 이완시킨다.
③ 머리 받치고 5지로 경추를 잡고 머리를 내려 경부운동 병행압박을 한다.

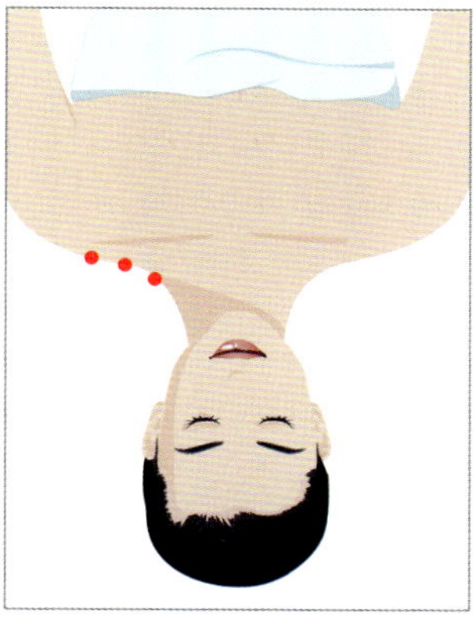

9. 등세모근(승도근) 상부섬유근 마사지

전체 근육의 긴장 정도를 검사하는데 가장 우선적인 근육으로 어깨를 넓게 덮고 있으며 후두부, 쇄골, 견봉, 견갑골 상각 및 흉추 12번을 연결짓는 근육으로 긴장성 두통, 후두부나 어금니 통증 반사, 고개 돌림시 반대방향 회전을 제한하는 문제를 발생시킨다.

승모근 상부부분을 모지로 압하고 주무른다.

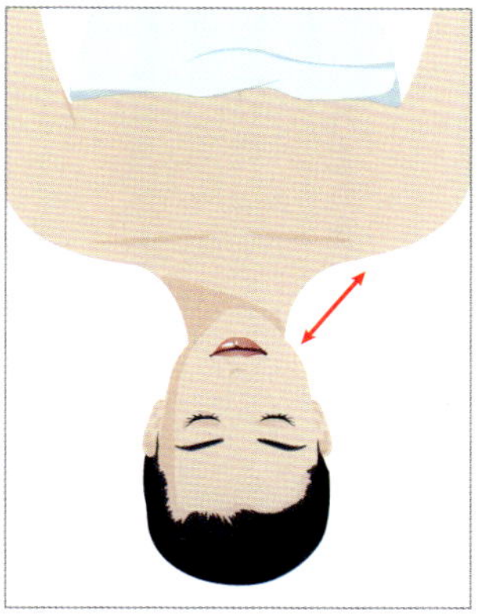

10. 경부근 신전

① 팔을 십자로 교차시켜 피술자의 양 어깨에 손을 얹고 팔을 앞으로 밀듯이 목 전체를 신전시킨다. 이때 피술자가 함께 호기를 하면 효과가 증대된다.
② 얼굴을 어깨방향으로 밀어 승모근을 신전시킨다.

2. 눈과 입술 관리(Eye & lip treatment)

1) 특성

눈 주위는 얼굴에서 가장 민감한 부분이며, 항상 노출되어 있는 부위로 특히 얇고 섬세하기 때문에 마사지를 할 때 특별한 주의가 필요하다. 20대 초반의 표정주름이 30대 전후는 건성주름으로 변화될 수 있다. 안륜근의 이상은 흉쇄유돌근과 승모근 상부섬유와 함께 관리를 해야하는데 특히, 목의 긴장을 충분히 이완시켜야 빠른 효과를 볼 수 있다.

이는 연령증가로 인해 수분균형이 깨지면서 각질층의 일정 수분량(15~20%)이 감소되어 피부의 유연성이 떨어지고 주름 등의 발생이 두드러진다. 눈 주위 근육은 괄약근의 둥근 모양의 근육조직으로 구성되어 있어 자유자재로 움직임이 다양하여 다른 근육에 비해 에너지 소모량이 많고 피부 두께가 얇으며 스트레스에 의해 노화가 가속화되므로 섬세한 관리가 요구된다.

눈 주위 다음으로 피부가 얇고 건조한 부위가 입술이므로 립밤을 충분히 바르거나 마스크를 실시하여 촉촉한 피부로 유지한다.

2) 손상원인

- 혈액 순환 장애
- 과도한 스트레스
- 강한 자외선
- 잘못된 피부관리 습관

3) 관리목적

- 혈액순환(blood circulation)
- 림프순환(lymph circulation)
- 다크서클의 완화
- 탄력(firming)
- 보호(protection)
- 눈 부종 개선의 효과

♣ 눈주위 리프팅법

눈주위 혈점을 누르고 마사지하여 근육의 긴장을 풀어준 후 정제수와 수분 전용 앰플을 사용하여 근육의 형태에 따라 리프팅을 실시하는데 연령이 증가할수록 관리 횟수를 늘려준다.

4) 눈과 입주위를 위한 활성성분

① 비타민 A

세포에 항산화효과를 부여하고 재생을 촉진시키며 보습효과가 있음

② 히아루론산

진피 기질의 무코 다당류의 주요성분으로 많은 양의 수분을 흡수할 수 있어 보습효과 큼

③ 혈청 단백질 성분

혈액에서 원심분리를 시행하여 얻은 심층의 옅은 노란 빛을 띠는 액으로 상피재생인자, 간세포 재생인자 등 각막상피에 효과가 큼

④ 리포좀

현재 화장품 분야의 나노 기술의 대표는 리포좀 기법으로 w/o/w 형태의 친수성 물질을 세포막과 유사한 지질-이중막으로 코팅하여 액화하고 이를 다시 친수성 콜로이드 상태로 만든 형태이다. 이는 피부 침투가 어려운 친수성 물질을 오일막에 감싸 각질층 투과를 쉽게 한다.

⑤ 콜라겐

진피주요성분으로 보습력 높고, 진피층까지 침투되어 피부 노화, 주름방지, 탄력, 보습에 효과가 큼

⑥ 엘라스틴

피부 진피 주성분으로 탄력을 부여함

⑦ 카렌듈라

금잔화라고 불리며 세포 재생 촉진, 세균과 진균 염증 억제. 붓기 완화 효과가 큼

⑧ 보리지

필수지방산인 오메가-6인 감마리놀렌산 함유량이 많아 피부재생능력이 뛰어나고 흡수력과 보습력에 좋으며 피부를 청결하고 매끄럽게 함

⑨ 인삼

진세노사이드는 면역력을 증강시키고 산성 다당체는 항산화 효능이 큼

표 5-1 눈과 입술 관리 프로그램(Eye & Lip treatment program)

단계	관리방법	사용기기 및 도구
point make-up cleansing	부분화장 전용 클렌징제를 화장솜에 적셔 사용	화장솜, 면봉
cleansing	클렌징 로션 타입으로 가볍게 러빙	해면(스펀지)
tonic	화장수를 화장솜에 적셔 사용 두드리듯 흡수시킴	화장솜
경혈 자극	- 눈 주위 혈점 자극 「인당, 찬죽, 어요, 사죽공, 정명, 승읍, 동자료, 거료, 태양」 - 입술 주위 혈점 자극 「인중, 태단, 지창, 승장」	
nutrition	앰플 침투(콜라겐, 엘라스틴 앰플)	
massage	눈 주위 아이크림으로 매뉴얼 테크닉 실시	리프팅 기기
mask / pack	아이팩, 콜라겐&젤라틴 아이팩	볼, 브러시
protection	아이세럼 + 아이크림	스파튤라
관리 point	- 눈주위 근육결 중시 - 너무 강한 압은 피할 것	

표 5-2 실습보고서

실습보고서

실습일자 : 　　　　　　　　피시술자(고객) : 　　　　　　　　시술자(관리자) :

관리대상자의 피부상태	
관리목적	

실습과정(시술시간, 사용기기, 시술방법 기록)

순서	관리단계	제품명 (화장품의 유형)	적용방법	적용범위 및 시간

사용기기	기기명	적용범위 및 시간	적용 방법	관리시 주의사항
피부 분석시				
피부 관리시				

실습과정 중 유의사항		
시술 결과	시술 전	
	시술 후	
Home care		

5) 아이케어

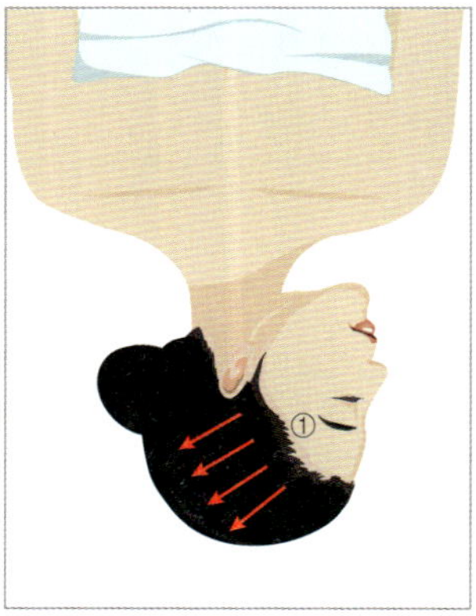

1. 측두근 풀기

입을 닫는 역할을 하며 턱을 후방 외측으로 움직이고 하악골을 안정 자제로 유지시킨다.

① 얼굴을 측면으로 돌려 귀바퀴 바로 위쪽부분부터 측두근육의 방향으로 지첨을 이용하여 양손 교대로 밀어준다.
② 손가락의 지첨을 이용하여 짧게 당기듯 긁고 작은 원을 그린다.

2. 헤어라인, 눈머리 지압

① 헤어라인을 따라 모지 지첨을 이용하여 헤어가 자라는 방향으로 짧게 긁어준다.
② 이마근 수근 교대로 쓰다듬는다.
③ 양 눈썹사이를 모지를 겹쳐 3회 압한다.

3. 눈 주위 지압하기

신경점, 지압점에 압을 가하면서 실시한다.

: 눈썹 머리, 가운데, 끝, 눈윗뼈 머리, 가운데, 끝, 눈아래뼈 머리, 가운데, 끝, 관자놀이를 3회씩 지압한다.

4. 눈머리 압 후 원그리기

중지와 약지로 그림과 같이 눈 밑을 돌아 눈 윗뼈 머리부위 위로 당기듯 3초간 압하고 밖으로 원을 그린다. 3회 반복한다.

5. 눈썹 쓸기

중지, 약지를 이용하여 양손을 교대로 눈썹 모양을 따라 짧게 쓸어준다.(눈썹 한쪽씩 실시한다.)

6. 눈썹머리 압 후 원그리기

중지와 약지로 그림과 같이 눈 밑을 돌아 눈 썹머리부위 3초간 압하고 눈썹모양을 따라 안에서 밖으로 원을 그린다. 3회 반복한다.

7. 관자놀이 8자

중지와 약지로 그림과 같이 크게 8자를 그린다.

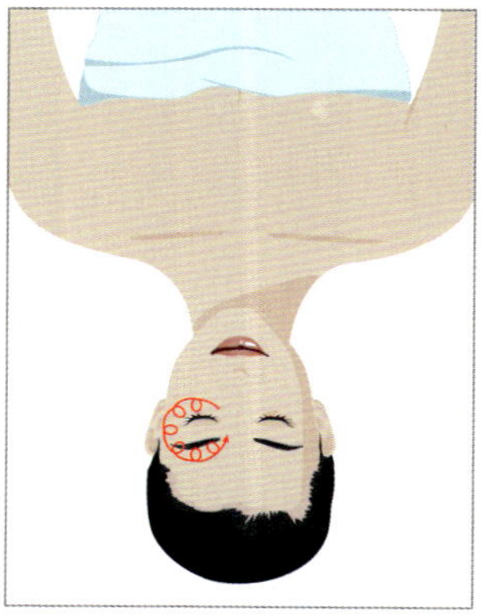

8. 작은 원그리기

손가락으로 그림과 같이 눈주위에 작은 원을 그린다.

9. 안경동작(쓸어주기)

중지로 반대편 눈아래를 안쪽방향으로 쓸고 시지, 중지, 약지를 모아 반대편 눈썹의 바깥방향으로 연결하여 쓸어준다.
시술하는 손의 반대편 눈을 먼저 시작한다.
양손 교대로 실시한다.

10. 눈두덩이 쓸기

모지의 지복을 이용하여 눈두덩이에서 귀까지 가볍게 쓸어준다.

11. 눈꼬리에서 관자놀이 쓸기

시지와 중지를 이용하여 눈꼬리에서 교대로 3회 쓸어주고 손가락을 모아 관자놀이를 지긋이 3초 누른다.

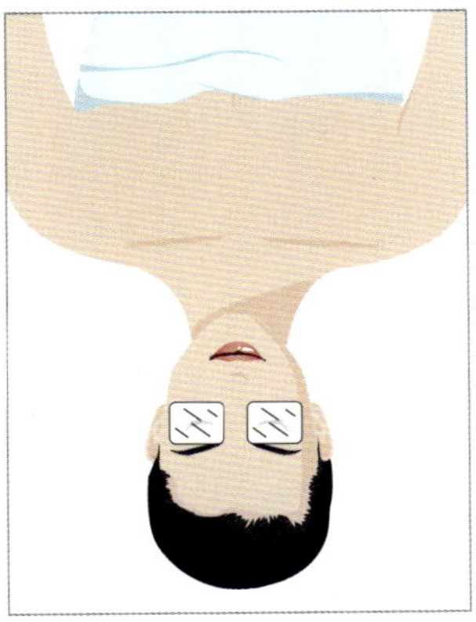

12. 흡입동작 I

수장을 눈전체에 붙여 눌렀다 얼른 떼어내는 동작

13. 흡입동작 II

손을 비벼 열을 내어 눈전체에 붙여 5초이상 가볍게 누른다.

chapter

6

부 록

1. 여러가지 유형의 고객 차트
2. 전문 트리트먼트
3. 미용사(피부) 국가고시

1. 여러가지 유형의 고객 차트 (예)

고객 차트

1. 고객 정보

			고객코드		
성　　명		주민등록번호		나이	(　　세)
직　　업		직 장 명			
전 화 번 호	집)	주　　소	집)		
전 화 번 호	핸드폰)		직장)		
결 혼 여 부	□ YES　□ NO				
살롱이용동기	□ 잡지광고　□ 소개(소개하신 분 :　　) □ 매장 □ DM □ 카달로그				

2. 개선하고 싶으신 피부의 문제점은 무엇입니까(복수 응답)?

□ 기미 / 검버섯
□ 블랙헤드
□ 심한 건성 / 각질과 피부
□ 여드름, 뾰루지
□ 탄력 없음
□ 눈에 띄는 모세혈관
□ 건조하여 갈라진 팔꿈치 / 무릎
□ 등, 가슴 여드름
□ 예민한 피부
□ 잔주름, 깊은 주름
□ 눈가의 주름
□ 늘어진 모공
□ 칙칙한 피부
□ 심한 지성
□ 셀룰라이트
□ 부석부석하고 부은 피부

3. 현재 사용하시는 제품은 어느 브랜드입니까?

4. 피부관리를 받은 적이 있으십니까?　□ YES　□ NO

어떤 종류의 피부관리를 받으셨습니까?

5. 기타

1) 렌즈를 착용하십니까?　□ YES　□ NO
2) 알러지가 있습니까?　□ YES　□ NO

피부 상담 차트(Skin Analysis)

PART 1

1. Skin Texture	□ Thin	□ Medium	□ Thick
2. Skin Moisture	□ Low	□ Average	□ High
	□ Deep Dehydration	□ Superficial Dehydration	
3. Muscle Tone	□ Good	□ Average	□ Poor
4. Facial Wrinkles	□ Deep Wrinkle	□ Crow's feet	□ Fine Lines throughout face
5. Sensitivity	□ Normal	□ Sensitive	□ Hypersensitive
6. Blood Circulation	□ Good	□ Average	□ Poor
7. Broken Capillaries	□ Nose Area	□ Creek Area	□ Chin Area
	□ Forehead	□ Nose	
8. Sebaceous Secretion	□ Alipic	□ Normal	□ Oily
	□ Asphyxic	□ Acne	□ Comedonal
9. Acne Condition	1) Non-inflammatory	□ Whitehead	□ Blackhead
	2) inflammatory	□ Pusture	□ Nodule
		□ Enlarged Pre	□ Acne Scare
10. Pigmentation	□ Even	□ Uneven	□ Birthmark
	□ Pregnancy mask	□ Some Freeking	□ Heavy Freeking
11. UV Sensitivity	□ I □ II	□ III □ IV	□ V
12. Skin Type	□ Oliy	□ Combination	□ Dehydration
	□ Dry	□ Sensitive	□ Problem Acne
	□ Couperose		

PART 2 오더 폼 (Order Form)

관리 시 주의사항	기 타

Therapist Report

No.	
Client Name	

/	Remarks
Memo	
/	Remarks
Memo	
/	Remarks
Memo	
/	Remarks
Memo	
/	Remarks
Memo	
/	Remarks
Memo	
/	Remarks
Memo	
/	Remarks
Memo	

실습 보고서

1. 고객과의 실제 상담을 통하여 다음 분석표를 작성하시오.

실습자명 :　　　　실습일자:

<table>
<tr><td rowspan="10">피
부
상
태</td><td>관 찰</td><td colspan="7">분 류</td></tr>
<tr><td>Texture</td><td>fine</td><td colspan="2">normal</td><td colspan="4">thick</td></tr>
<tr><td>Sebaceous Secretion</td><td>dry</td><td colspan="2">normal</td><td>oily</td><td colspan="2">comedo</td><td>acne</td></tr>
<tr><td>Hydration</td><td colspan="4">Superficial Dehydration</td><td colspan="3">deep Dehydration</td></tr>
<tr><td>Ostiums</td><td colspan="2">invisible ostiums</td><td colspan="2">sightly ostiums</td><td colspan="3">visible ostiums</td></tr>
<tr><td>Even grain</td><td colspan="2">tight even grain</td><td colspan="2">normal even grain</td><td colspan="3">coarse even grain</td></tr>
<tr><td>Sensitivity</td><td colspan="2">insensitive</td><td colspan="2">sensitive</td><td colspan="3">very sensitive</td></tr>
<tr><td>Circulation</td><td colspan="2">erythrosis</td><td colspan="2">couperose</td><td colspan="3">rosacea</td></tr>
<tr><td>Pigmentation</td><td colspan="4">hydration Pigmentation</td><td colspan="3">hypo Pigmentation</td></tr>
<tr><td>complexion</td><td colspan="2">fair</td><td colspan="2">asphyxiation</td><td>pale</td><td colspan="2">mat</td></tr>
<tr><td colspan="2">관리자 소견</td><td colspan="7"></td></tr>
<tr><td colspan="2">분석시 유의사항</td><td colspan="7"></td></tr>
</table>

TREATMENT SCHEME			
DATE	PROCESS	TREATMENT	REMARK

더마솔루션 고객 앙케이트

이름 : ______________________ 타이틀: Mrs. Miss. Dr. Mr. 성별: M F
주소 : ____ 생년월일: ____/____/____
결혼여부: ________________
자택전화번호: __________ 직장전화번호: __________ 기타전화전호: __________
가장 좋은 예약 요일과 시간: ____________________________ 직업: __________
관리실의 정보를 어떻게 알았나요? ____

나의 피부에 대해 체크해 봅시다.

모공의 크기	매우 작다	작다	보통	크다	매우 크다
피지분비시간	세안 후 12~14시간	세안 후 10~11시간	세안 후 7~9시간	세안 후 4~5시간	세안 후 3시간 이내
피지 부위	코 부위만	눈머리 사이	눈동자 안쪽 사이	눈 꼬리 사이	얼굴 전체

특별히 신경쓰는 스킨케어 부분은 지금 어떻게 피부관리를 하고 있나요?

	얼굴	몸		얼굴	몸
노화/자외선 반점(검버섯)			화이트헤드		
블랙헤드			건조하여 갈라진 필꿈치/무릎		
부스럼			튼살		
눈에 띄는 모세혈관			푸석푸석하고 부은 피부		
탈수			팽팽함을 잃음		
건성, 각질화 피부			셀룰라이트		
잔주름/진한 주름			등/가슴 여드름		
지성			살로 파고드는 털		
예민			면도로 인한 자극		

- prescripition -

매일 피부관리에 투자하는 시간은?	5분 이하	5~15분	15분 이상

피부관리를 어떻게 하고 있나요? 가장 가깝다고 생각되는 란에 체크하세요.

	지금 사용중인 제품 브랜드명과 타입	아침&저녁	아침에만	저녁에만	때때로	전 혀
크린싱						
토너						
엑스폴리앙						
마스크						
모이스춰라이저 (세럼,에센스, 앰플,젤)						
모이스춰라이저 (영양 크림)						
썬프로텍션 (SPF)						
아이 케어						
화운데이션						
기타						

다음 중 피부에 했던 란을 체크하세요. : 언제?

글리콜리엑시드 (AHA) 필링	
케미컬 필링	

아큐테인 (경구용 레틴A)	
레틴 A	
피부암 수술	
더마브레이션	

실리콘이나 콜라겐 주입	

생활 습관 환경

생리전 여드름이 생기나요	네	아니오	
평상시 스트레스 정도	낮다	보통	높다
육체적 활동 수준			
다이어트-일상적인 식습관	낮다	보통	높다
흡연			
지방			
탄수화물			
설탕			
음주			

현재 어떤 건강 전문의에게 다니고 있나요?	v = yes
성형외과 의사	
피부과 의사	
내분비과 의사	
한의사	
영양사	
기타	

고 객 카 드

고객 성명 : 관리자 성명 :
고객 주소 :
전 화 : ○집 ○직장 ( )
상담 일자 : 생일 ○21세 이하 ○21~30 ○41~50 ○50세 이상

고객 경력

1. 1년이내 또는 현재 의사의 치료를 받고 계십니까? ○예 ○아니오
2. 지난 9개월 이내에 수술을 하셨나요? ______________
3. 과거 또는 현재 어떠한 건강 문제를 갖고 계십니까?
   ○암 ○호르몬의 과부족 현상
   ○당뇨병 ○자궁절제술
   ○간질 ○갑상성
   ○심장질환 ○정맥류
4. 정기적으로 약이나 비타민제를 복용하시는 것이 잇습니까?
   약 :
   비타민 :
5. 흡연하십니까? ○예 ○아니오
   화학필링을 하셨습니까?
   ○예 ○아니오
   레턴 A를 사용하십니까?
   ○예 ○아니오
   여드름 약인 Accutane을 사용하신 적이 있습니까? ○예 ○아니오
   체중조절 다이어트를 하십니까?
   ○예 ○아니오
   규칙적으로 운동을 하십니까?
   ○예 ○아니오
   머리 염색, 하이라이트, 화학적인 탈색을 하셨습니까?
   ○예 ○아니오
   금속 수술장치나 박동기를 했습니까? ○예 ○아니오
6. 세안하는 물의 온도는 어떻습니까?
   ○찬물 ○미지근한 물 ○뜨거운 물
7. 얼굴에 특별한 피부 문제를 갖고 계십니까? ○예 ○아니오
8. 몸에 특별한 관심이 필요한 부위가 있습니까? ○예 ○아니오
   있으시다면 ______________
9. 현재 사용하고 계신 피부관리 제품 위 종류는 어떤 것인가요?
   ○비누 ○토너 ○마스트
   ○클렌저 ○모이스춰라이저
   ○스크럽 / 필링제
   ○그외 :
10. 전에 바디 스파 트리트먼트를 받아 본 적이 있습니까?
    ○예 ○아니오
    있다면 어떤 트리트먼트인가요?

*** 여성 고객만 기입하세요**

11. 피임약을 복용하시고 계십니까?
    ○예 ○아니오
12. 임신 중이거나 계획하고 있습니까?
    ○예 ○아니오

*** 남성 고객만 기입하세요**

13. 현재 사용한 면도기의 종류는?
    ○수동 ○전기
14. 면도 후 자극을 경험한 적이 있습니까? ○예 ○아니오

피지분비

1. 낮이 되면 번들거리고 얼굴에 기름이 도는 현상을 느낍니까?
   ○예 ○아니오
2. 피부 여드름을 경험하십니까?
   ○가끔 ○예 ○아니오

수분공급

1. 하루에 얼마만큼의 물을 드십니까?
   ____
2. 이뇨제나 변비약을 복용하십니까?
   ○가끔 ○예 ○아니오
3. 일주일에 술을 얼마나 드십니까?
   ○1~3회 ○4회 이상
4. 아래와 같은 피부증상을 경험 하셨습니까?
   ○각질탈락 ○당김 ○심한 건조
5. 일광욕을 할 때 선스크린이나 선블럭을 사용하십니까?○예 ○아니오

모세혈관 활동

1. 적당한 일광에 쉽게 탑니까?
   ○예 ○아니오
2. 흥분하면 쉽게 붉어집니까?
   ○예 ○아니오
3. 평상 시 피부가 쉽게 붉어지는 경향이 있습니까? ○예 ○아니오
4. 비염으로 고생하신 적이 있습니까?
   ○예 ○아니오

신경 활동

1. 카페인 음료를 마십니까?(커피, 차 음료) ○예 ○아니오
2. 자극제나 슬리밍 제품을 복용하십니까? ○가끔 ○예 ○아니오
3. 통증을 참을 수 있다고 생각하는 정도는? ○상 ○중 ○하
4. 밀실 공포를증을 느끼신 적이 있습니까? ○예 ○아니오
5. 좋아하는 마사지 압력의 정도는?
   ○약하게 ○중간 ○강하게
6. 아리와 같은 것에 특별한 반응 사항이 있습니까?
   ○화장품 ○꽃가루 ○동물
   ○약품 ○음식 ○향
   ○요오드 ○AHA ○선스크린
   ○기타 :

매 방문 시 반복되는 질문

1. 현재 생리중 입니까?
   ○예 ○아니오
2. 최근 치과 X-ray를 찍으셨습니까?
   ○예 ○아니오
3. 새로운 약을 먹기 시작했습니까?
   ○예 ○아니오
   있다면 ______________

TREATMENT / PRODUCT RECORD

날 짜	관리 시 사용제품	관리가격	구입한 제품	증정용샘플

Skin Care Clinic Chart

Name:	date of birth:
address:	
tel(h):	(b):
married status:	sex:
referred by:	publication:
date of first visiting:	
general information:	
family physician:	
sickness or defect:	
contact lens:	birth control pill:

skin allergies:	
skin analize & coment:	
Cosmetics Prescription	

date	cosmetic recomend	price	remark

Treatment Record

DATE	AREA	TRETMENT	

Skin Care Clinic Chart

Name:	Dare of Birth:
Address:	TEL:
Married Statue:	Sex:
Sickness or Midication	
Skin Allergies	
General information	

1. skin texture
   thin☐ thick☐ medium☐

2. acne condition
   non-inflammatory: whiteheads ☐
   blackheads ☐
   inflammatory: pustule ☐ nodule ☐
   enlarged pores ☐ acne scars ☐

3. pigmentaion
   even ☐ uneven ☐ birthmarks ☐
   pregnancy mask ☐ some freckling ☐
   heavy freckling ☐

4. broken capa llarics
   nose area ☐ cheek area ☐ nose ☐
   chin area ☐ forehead ☐

5. facial wrinkles
   deep wrinkles ☐ cow's feet ☐
   fine line throughout face ☐

6. muscle tone
   good ☐ fair ☐ fallen ☐

7. your skin type
   oily ☐ combination ☐ dehydrated ☐ dry ☐
   sensitive ☐ problem acne ☐ couperose ☐

Cosmetic Prescription

- night care:
- cleanser:
- cleanse:
- tonic:
- essence:
- eye care:
- other:

▶ Comment:

▶ Comment:

실습보고서

실습일자 : 피시술자(고객) : 시술자(관리자) :

관리대상자의 피부상태	
관리목적	

실습과정(시술시간, 사용기기, 시술방법 기록)

순서	관리단계	제품명 (화장품의 유형)	적용방법	적용범위 및 시간

사용기기	기기명	적용범위 및 시간	적용 방법	관리시 주의사항
피부 분석시				
피부 관리시				

실습과정 중 유의사항		
시술 결과	시술 전	
	시술 후	
Home care		

2. 전문 트리트먼트

EPIGRAN TREATMENT(에피그란 트린트먼트)

관리 방법 농축 활성 앰플만 에피그란을 사용	깨끗한 피부를 위한 관리 – 불결하고 문제성 피부 – 피부를 깨끗하고 조직을 치밀하게 함	생물학적 재생관리 – 기능 감퇴 억제 – 퍼밍 작용을 가짐	아이 케어 리프팅 – 눈주위 민감한 피부를 위한 관리
예비 크린싱	AC Puriface	IC Purisoft	IC Purisoft
크린싱	PC Facial Cleanser	HL Facial Cleanser	–
토닉정리	PC Tonic Lotion	HL Fresh Tonic	–
딥 크린싱	SC Enzyme Peeling	SC Xnzyme Peeling	–
필링	–		–
활성 에센스 / 앰플 (수용성)	–	SC Xpigran Amp.	–
마스크	SC Aloe vera Mask	–	–
활성 에센스/ 앰플	SC Xpigran Amp.	–	–
맛사지	–	PC Skin Oil Special	SC Epigran Amp. & Special Massage
2차 팩/ 마스크	–	–	EC Contour Masque
데이케어	PC Azulene Creme	HL Two-phase HL Supermoist	EC Contour Creme 또는 EC Perfect Contour Gel
메이컵 *요구할 경우에...	×	×	–
관리 시간	60분	75분	15분
적정 관리비		+30%	+...

PHOTO CARE TREATMENT(피토 케어 트리트먼트)

관리방법 밀 베아를 기본으로 천연성분과 함께 모든 피부타입을 관리	기본관리 – 피부의 항상성 유지 – 최적의 관리를 제공	목 관리 – 퍼밍작용 – 재생작용	PURE_FACE TREATMENT – 깨끗하지 못하고 문제가 있는 피부 – 피부를 깨끗하고 조직을 섬세하게
예비크린싱	IC Purisoft (퓨리소프트)	–	AC Puriface
크린싱	PC Facial Cleanser 훼이셜크린져	×	PC Facial Cleanser 훼이셜크린져
토닉정리	PC Tonic Lotion (토닉로션)	PC Tonic Lotion (토닉로션)	PC Tonic Lotion (토닉로션)
딥크린싱	–	SC Enzyme Peeling 엔자임필링	SC Enzyme Peeling 엔자임필링
필링	IC A'Peel (에이필)	–	–
활성 에센스/ 앰플 (수용성)	–	SC Epigram Amp. (에이그란 앰플)	–
마스크	–	–	SC Aloe Vera Mask 알로에베라
활성 에센스	–	–	SC Epigram Amp. (에이그란 앰플)
맛사지	PC Creme Special (크림스페셜)	–	–
2차 팩 / 마스크	IC Epigran Mask 에피그란 마스크	PC Skin Oil Special 스킨오일스페셜	–
데이케어	PC Carotin Creme (카로틴 크림)	×	PC Azulene Creme (아쥴렌크림)
메이컵 *요구할 경우에...	×	×	×
관리 시간	60분	30분	60분

MODELLING MASK TREATMENTS
(모델링 마스크 트리트먼트 : 얼굴, 목, 데콜테)

관리방법	Demanding 피부	수분 부족 피부	스크러스 및 자외선에 노출된 피부	지저분하고 문제성 피부
예비 크린싱	IC Purisoft	IC Purisoft	FR Puigel	AC Puriface
크린싱	HL Skin Cleanser	pc Facial Cleanser	FR Puigel	pc Facial Cleanser
토닉정리	HL Fresh Tonic	PC Tonic Lotion	–	PC Tonic Lotion
딥 크린싱	–	–	–	SC Enzyme Peeling
필링	IC A'Peel	IC A'Peel	IC A'Peel	–
활성 에센스/ 앰플	TC Skin Results	SC Episome Amp.	SB Ellissima	SC Episome Amp.
눈 관리	EC Contour Masque	EC Contour Masque	EC Contour Masque	EC Contour Masque
활성성분의 크림	HL Massage Creme	PC Preme Special	PR A.C.E Vita Night	PC Azulene Creme
모델링	SC Modelling Mask	SC Modelling Mask	SC Modelling Mask	SC Modelling Mask
데이케어	HL Two-phase HL Supermoist	HA Moisture Fluid	PR A.C.E Vita Star PR Vit Nano-Deep Day	TC A.H.A Fluid
메이컵 *요구할 경우에...	×	×	×	×
관리시간	60분	60분	60분	75분

성 명		성 별	
생년월일		연 령	
주 소			
직 업		전 화	

체 형 타 입
1. 메마른형(Leptosom)
2. 스포츠형(Athletiker)
3. 여 성 형(Pykniker)

고객의 피부 유형 진단카드 Skin Analysis

중 성	normal skin
지 성	oily skin–oleosa Sicca
건 성	sebostase
복 합 성	combination
위축, 조기노화	atropy skin
예 민	sensitive skin

	기능저하	정상기능	기능저하
피지의분비			
수분보유량			
각질의상태			
모공의크기			
피부위두께			
탄력상태			
예민상태			
혈액순환			
기 타			

일 자	클렌징	필 링	앰 플	마사지	팩	마무리	홈케어	비 고

3. 미용사(피부) 국가고시

출제기준(필기)

직무분야	이용 · 숙박 · 여행 · 오락 · 스포츠	중직무분야	이용 · 미용	자격종목	미용사(피부)	적용기간	2014.1.1~2019.12.31

○직무내용 : 얼굴 및 신체의 피부를 아름답게 유지·보호·개선·관리하기 위하여 각 부위와 유형에 적절한 관리법과 기기 및 제품을 사용하여 피부미용을 수행하는 직무

필기검정방법	객관식	문제수	60	시험시간	1시간

필기과목명	문제수	주요항목	세부항목	세세항목
피부미용이론, 해부생리학, 피부미용 기기학, 공중위생 관리학, 화장품학	60	1.피부미용이론	1. 피부미용개론	1.피부미용의 개념 2. 피부미용의 역사
			2. 피부분석 및 상담	1. 피부분석의 목적 및 효과 2. 피부상담 3. 피부유형분석 4. 피부분석표
			3. 클렌징	1. 클렌징의 목적 및 효과 2. 클렌징 제품 3. 클렌징 방법
			4. 딥클린징	1. 딥클렌징의 목적 및 효과 2. 딥클렌징 제품 3. 딥클렌징 방법
			5. 피부유형별 화장품 도포	1. 화장품도포의 목적 및 효과 2. 피부유형별 화장품 종류 및 선택 3. 피부유형별 화장품 도포
			6. 매뉴얼 테크닉	1. 매뉴얼 테크닉의 목적 및 효과 2. 매뉴얼 테크닉의 종류 및 방법
			7. 팩· 마스크	1. 목적과 효과 2. 종류 및 사용방법
			8. 제모	1. 제모의 목적 및 효과 2. 제모의 종류 및 방법
			9. 신체 각 부위(팔, 다리 등) 관리	1. 신체 각 부위(팔, 다리 등)관리의 목적 및 효과 2. 신체 각 부의(팔, 다리 등)관리의 종류 및 방법

필기과목명	문제수	주요항목	세부항목	세세항목
			10. 마무리	1. 마무리의 목적 및 효과 2. 마무리의 방법
			11. 피부와 부속기관	1. 피부구조 및 기능 2. 피부 부속기관의 구조 및 기능
			12. 피부와 영양	1. 3대 영양소, 비타민, 무기질 2. 피부와 영양 3. 체형과 영양
			13. 피부장애와 질환	1. 원발진과 속발진 2. 피부질환
			14. 피부와 광선	1. 자외선이 미치는 영향 2. 적외선이 미치는 영향
			15. 피부면역	1. 면역의 종류와 작용
			16. 피부노화	1. 피부노화의 원인 2. 피부노화현상
		2. 해부생리학	1. 세포와 조직	1. 세포의 구조 및 작용 2. 조직구조 및 작용
			2. 뼈대(골격)계통	1. 뼈(골)의 형태 및 발생 2. 전신뼈대(전신골격)
			3. 근육계통	1. 근육의 형태 및 기능 2. 전신근육
			4. 신경계통	1. 신경조직 2. 중추신경 3. 말초신경
			5. 순환계통	1. 심장과 혈관 2. 림프
			6. 소화기계통	1. 소화기관의 종류 2. 소화와 흡수
		3. 피부미용기기학	1. 피부미용기기	1. 기본용어와 개념 2. 전기와 전류 3. 피부미용기기의 종류 및 기능
			2. 피부미용기기사용법	1. 기기 사용법 2. 유형별 사용방법

필기과목명	문제수	주요항목	세부항목	세세항목
		4. 화장품학	1. 화장품학개론	1. 화장품의 정의 2. 화장품의 분류
			2. 화장품제조	1. 화장품의 원료 2. 화장품의 기술 3. 화장품의 특성
			3. 화장품의 종류와 기능	1. 기초 화장품 2. 메이크업 화장품 3. 모발 화장품 4. 바디(body)관리 화장품 5. 네일 화장품 6. 향수 7. 에센셜(아로마) 오일 및 캐리어 오일 8. 기능성 화장품
		5. 공중위생관리학	1. 공중보건학	1. 공중보건학 총론 2. 질병관리 3. 가족 및 노인보건 4. 환경보건 5. 식품위생과 영양 6. 보건행정
			2. 소독학	1. 소독의 정의 및 분류 2. 미생물 총론 3. 병원성 미생물 4. 소독방법 5. 분야별 위생·소독
			3. 공중위생관리법규 (법, 시행령, 시행규칙)	1. 목적 및 정의 2. 영업의 신고 및 폐업 3. 영업자준수사항 4. 면허 5. 업무 6. 행정지도감독 7. 업소 위생등급 8. 위생교육 9. 벌칙 10. 시행령 및 시행규칙 관련사항

출제기준(실기)

<table>
<tr><td>직무
분야</td><td>이용 · 숙박 · 여행
· 오락 · 스포츠</td><td>중직무
분야</td><td>이용 · 미용</td><td>자격
종목</td><td>미용사(피부)</td><td>적용
기간</td><td>2014.1.1~2019.12.31</td></tr>
<tr><td colspan="8">○ 직무내용 : 얼굴 및 신체의 피부를 아름답게 유지·보호·개선·관리하기 위하여 각 부위와 유형에 적절한 관리법과 기기 및 제품을 사용하여 피부미용을 수행하는 직무
○ 수행준거 : 1. 피부미용 실무를 위한 준비 및 위생사항 점검을 수행할 수 있다.
2. 피부의 타입에 따른 클렌징 및 딥클렌징을 할 수 있다.
3. 피부의 타입별 분석표를 작성할 수 있다.
4. 눈썹정리 및 왁싱 작업을 수행할 수 있다.
5. 손을 이용한 얼굴 및 신체 각 부위(팔, 다리 등)관리를 수행할 수 있다.</td></tr>
<tr><td colspan="2">실기검정방법</td><td colspan="2">작업형</td><td colspan="2">시험시간</td><td colspan="2">2시간 15분 정도</td></tr>
</table>

실기과목명	주요항목	세부항목	세세항목
	1. 얼굴관리	1. 위생관리하기 (200101020210.2) (200101020210.3)	1. 피부미용기구와 기기는 상태에 맞게 소독방법을 택하여 소독 보관할 수 있다. 2. 기구 및 비품은 항상 정리된 상태로 준비시킬 수 있다. 3. 피부미용기구와 기기는 상태에 맞게 소독방법을 택하여 소독 보관할 수 있다. 4. 손톱을 짧게 하고 단정하게 머리를 정돈하고 피부를 관리하는 사람으로서 깨끗한 마스크와 위생복, 신발을 착용하여 관리할 수 있다. 5. 불필요한 장신구는 피하고 가벼운 화장을 하며 항상 예의 있게 행동할 수 있다. 6. 몸 냄새나 구취에 유의할 수 있다. 7. 관리사가 고객에게 20~30cm 정도 거리를 유지할 수 있다.
		2. 색조화장 지우기 (200101020410.1)	1. 색조화장을 지우는 방법에 따라 클렌저를 메이크업이 되어 있는 눈과 입술 부위에 적용하고 순서대로 닦아낼 수 있다. 2. 속눈썹 세정 방법에 따라 화장솜과 면봉을 사용법을 숙지하고 시행할 수 있다. 3. 색조화장 마무리 작업으로 잔여물을 확인 후 화장 솜과 면봉으로 다시 정리할 수 있다.
		3. 클렌징하기 (200101020410.2)	1. 화장품 성분에 대한 지식을 이해하고 피부상태에 따라 클렌징 방법과 제품을 선택할 수 있다. 2. 클렌징 방법을 이해하고 클렌징 제품을 얼굴, 목, 가슴에 도포하여 순서에 맞게 연결동작으로 가볍게 시행할 수 있다. 3. 마무리를 위하여 온 습포, 면 패드, 티슈 등으로 잔여물을 닦아낸 후 토너로 피부를 정리할 수 있다.

실기과목명	주요항목	세부항목	세세항목
		4. 분석표작성하기 (200101020310. 2) (200101020310. 3) (200101020310. 4) (200101020310. 5)	1. 도구, 기기를 이용하여 피부를 분석할 수 있다. 2. 고객의 피부상태를 고려하여 적합한 피부 관리 상품을 결정할 수 있다. 3. 피부 관리 경위를 상세히 설명하면서 총괄적인 관리 계획을 세울 수 있다. 4. 고객의 환경에 대한 특성과 상담결과에 따른 내용을 고려하여 피부관리 계획을 세울 수 있다. 5. 주 1회, 주 2회 혹은 2주에 1회 등의 관리를 받는 것으로 피부개선의 효율적인 결과를 얻는 데에는 시간소요가 많으므로 홈케어의 중요도에 관한 상세한 설명을 할 수 있다. 6. 홈케어 제품을 선정하고 정확한 사용법을 설명할 수 있다. 7. 음식과 기호식품 및 수면 등의 피부개선을 돕는 일상적인 생활습관에 관한 조언을 할 수 있다.
		5. 눈썹정리하기 (200101020410.3)	1. 눈썹의 모양은 유행에 매우 민감한 부위이므로 얼굴의 크기, 형태와 이미지를 고려하여 정리할 수 있다. 2. 반영구적인 정리 혹은 일시적인 정리를 할 것인가 결정할 수 있다. 3. 정리하기 위한 도구(눈썹브러쉬, 눈썹가위, 족집게, 눈썹칼)를 결정하고 행할 때는 피부에 자극이 덜 가도록 유의할 수 있다. 4. 눈썹 정리를 행할 수 있다.
		6. 딥클렌징하기 (200101020410.4)	1. 피부의 생리 및 각화현상에 대한 지식을 바탕으로 피부 생리에 맞게 시행할 수 있다. 2. 각질제거의 필요성과 효과에 대한 지식과 금기사항을 습득하고 시술할 수 있다 3. 화학적인 각질제거 방법의 지식을 바탕으로 효소와 천연산 등을 이용하여 시행할 수 있다. 4. 물리적인 각질제거 방법의 지식을 바탕으로 살구씨, 아몬드, 고령토 등을 이용하여 시행할 수 있다.

실기과목명	주요항목	세부항목	세세항목
		7. 손을 이용한 얼굴 관리하기 (200101020510.1) (200101020510.2)	1. 고객의 피부유형에 따라 크림이나 오일류를 선택하여 부위에 도포할 수 있다. 2. 얼굴의 피부상태를 파악하여 적당한 매뉴얼 테크닉방법을 선택할 수 있다. 3. 얼굴의 피부상태에 따라 매뉴얼 테크닉 구사 시에 리듬, 세기, 속도, 시간 등을 고려할 수 있다. 4. 얼굴의 매뉴얼 테크닉에 따라 얼굴(이마, 눈, 뺨, 입, 턱)과 목, 데콜테부위에 맞는 관리방법을 적용할 수 있다.
		8. 팩하기 (200101020610.1)	1. 피부유형에 따라 팩의 종류를 선택할 수 있다. 2. 제품에 따라 팩의 사용방법이 다르므로 사용 전에 유의하도록 할 수 있다. 3. 팩 적용 시 두께, 방향, 시간 등을 유의하며 도포할 수 있다. 4. 팩의 종류에 따라 제거할 때에 고객이 불편하지 하지 않도록 유의할 수 있다.
		9. 마스크 하기 (200101020610.2)	1. 피부유형에 따라 마스크의 종류를 선택할 수 있다. 2. 제품에 따라 마스크의 사용방법이 다르므로 사용 전에 유의하도록 할 수 있다. 3. 마스크 적용 시 두께, 방향, 시간 등을 유의하며 도포할 수 있다. 4. 마스크의 종류에 따라 제거할 때에 고객이 불편하지 하지 않도록 유의할 수 있다.
	2. 신체 각 부위 (팔, 다리 등)관리	1. 위생관리하기 (200101020210.2)	1. 피부미용기구와 기기는 상태에 맞게 소독 방법을 택하여 소독 보관할 수 있다. 2. 기구 및 비품은 항상 정리된 상태로 준비시킬 수 있다. 3. 피부미용기구와 기기는 상태에 맞게 소독 방법을 택하여 소독 보관할 수 있다.
		2. 클렌징하기 (200101020410.2)	1. 화장품 성분에 대한 지식을 이해하고 피부상태에 따라 클렌징 방법과 제품을 선택할 수 있다. 2. 클렌징 방법을 이해하고 클렌징 제품을 팔, 다리에 도포하여 순서에 맞게 연결 동작으로 가볍게 시행할 수 있다. 3. 마무리를 위하여 온 습포 등으로 잔여물을 닦아낸 후 토너로 피부를 정리할 수 있다.

실기과목명	주요항목	세부항목	세세항목
		3. 손, 팔 매뉴얼 테크닉하기 (200101020510.6)	1. 손과 팔의 상태를 파악하고 목적에 맞는 매뉴얼 테크닉 방법을 선택할 수 있다. 2. 손과 팔 매뉴얼 테크닉 구사 시에 리듬, 세기, 속도, 시간 등을 고려할 수 있다. 3. 손, 팔 매뉴얼 테크닉에 따라 손에서부터 액와 아래까지에 맞는 관리방법을 적용할 수 있다.
		4. 다리 매뉴얼 테크닉하기 (200101020510.7)	1. 다리의 상태를 파악하고 목적에 맞는 매뉴얼 테크닉 방법을 선택할 수 있다. 2. 다리매뉴얼 테크닉 구사 시에 리듬, 세기, 속도, 시간 등을 고려할 수 있다. 3. 다리매뉴얼 테크닉에 따라 발에서부터 서혜부 아래까지에 맞는 관리방법을 적용할 수 있다.
		5. 제모관리하기 (200101020810.5)	1. 신체의 불필요한 털을 고객의 요구에 따라 선정할 수 있다. 2. 미용가위, 족집게 등은 소독하여 사용할 수 있다. 3. 온·냉 왁스를 사용하고자 할 경우에 필요한 양을 미리 준비할 수 있다. 4. 제모 하고자 하는 부위를 깨끗이 소독하여 물기를 없앤 후에 털의 방향을 고려하여 제모를 행할 수 있다. 5. 제모한 후에 잔여 털을 정리할 수 있다. 6. 제모 후 피부의 진정을 위하여 크림·젤을 도포할 수 있다. 7. 제모 후 사우나, 운동, 음주 등 주의사항을 전달할 수 있다.
		6. 림프 드레니쥐하기 (200101020810.3)	1. 림프 드레니쥐를 하기 위한 따뜻한 실내 온도유지, 밝지 않은 조명, 조용하고 쾌적한 분위기 조성 등을 할 수 있다. 2. 고객의 스킨타입 및 몸의 상태에 맞는 화장품이나 에센셜 오일을 선택할 수 있다. 3. 고객에게 필요한 제품들을 미리 준비할 수 있다. 4. 다리부종, 피곤한 다리, 셀룰라이트 부위를 택할 수 있다. 5. 손과 팔의 긴장을 푼 후 손놀림은 가볍게, 정확히, 리듬감 있게 손 밑 조직을 느껴 가며 실시할 수 있다. 6. 일정한 속도와 압력을 유지 시킬 수 있다. 7. 클렌징 한 후 크림이나 오일을 가능한 사용하지 않은 채 실시할 수 있다. 8. 압력 방향은 피부에서 림프 흐름에 일치하여 시행할 수 있다. 9. 림프경로를 파악하여 안면부위부터 시작할 수 있다.

4. 지급재료 목록

자격종목	미용사(피부)

일련번호	재 료 명	규 격	단위	수 량	비 고
1	핫왁스	400~500 ml	개	1	7인당 1개
2	화장솜	100개	통	1	20인당 1개

5. 수험자 지참 공구목록

자격종목	미용사(피부)

일련번호	지참 공구명	규 격	단위	수 량	비 고
1	위생복	상의 반팔 가운, 하의 긴 바지	벌	1	모든 복식은 흰색 통일
2	실내화	흰색	켤레	1	실내화만 허용
3	마스크	흰색	개	1	
4	대형타월	100×180cm, 흰색	장	2	베드용, 모델용
5	중형타월	65×130cm, 흰색	장	1	
6	소형타월	35×80cm, 흰색	장	5장 이상	습포, 건포용
7	헤어터번(터번)	벨크로(찍찍이)형	개	1	분홍색 or 흰색
8	여성모델용 가운 및 겉가운	밴드(고무줄, 벨크로)형 일반형(겉가운)	벌	1	분홍색 or 흰색
9	남성모델용 옷	박스형반바지 & T-셔츠	벌	1	하의-베이지 or 남색 상의 - 흰색
10	모델용 슬리퍼		켤레	1	
11	필기도구	볼펜	자루	1	검은색 or 청색
12	알코올 및 분무기		개	1	필요량
13	일반솜		봉	1	탈지면, 필요량
14	비닐봉지, 비닐백	소형	장	각 1	쓰레기처리용, 습포보관용(두터운 비닐백)
15	미용솜		통	1	화장솜
16	면봉		봉	1	필요량
17	티슈		통	1	필요량
18	붓		개	2	클렌징, 팩용
19	해면		세트	1	필요량
20	스파튤라		개	3	클렌징, 팩용
21	보울(bowl)		개	3	클렌징, 팩 등
22	가위	소형	개	1	눈썹정리, 제모
23	족집게		개	1	눈썹정리, 제모
24	브러시		개	1	〃
25	눈썹칼	safety razer	개	1	눈썹정리

일련번호	지참 공구명	규 격	단위	수 량	비 고
26	거즈		장	1	
27	아이패드		개	2	거즈, 화장솜 가능
28	나무스파튤라		개	1	제모용
29	부직포	7×20 cm	장	1	〃
30	장갑	라텍스	켤레	1	〃
31	종이컵	100 ml	개	1	〃
32	보관통	컵형	개	2	스파튤라, 붓 등
33	보관통	뚜껑달린 통	개	2	알코올 솜 등
34	해면볼	소형	개	1	
35	바구니		개	2	정리용 사각
36	트레이(쟁반)	소형	개	1	습포용
37	효소		개	1	파우더형
38	고마쥐		개	1	크림형 or 젤형
39	AHA	함량 10% 이하	개	1	액체형
40	스크럽제		개	1	크림형 or 젤형
41	팩	크림타입	set	1	정상,건성,지성
42	스킨토너(화장수)		개	1	모든 피부용
43	크림, 오일	매뉴얼테크닉용	개	1	〃
44	탈컴 파우더		개	1	제모용
45	진정로션 혹은 젤		개	1	〃
46	영양크림		개	1	모든 피부용
47	아이 및 립크림		개	1	〃(공용사용가능)
48	포인트 메이크업 리무버	아이, 립	개	1	모든 피부용
49	클렌징 제품	얼굴 등	개	1	〃
50	고무볼	중형	개	1	마스크용
51	석고마스크	파우더타입	개	1	1인 사용량
52	고무모델링마스크	파우더타입	개	1	1인 사용량
53	베이스크림	크림타입	개	1	석고 마스크용
54	모델		명	1	

※ 타월류의 경우는 비슷한 크기이면 무방합니다.

※ 기타 필요한 재료의 지참은 가능합니다.

※ 팩과 마스크, 딥클렌징용 제품을 제외한 다른 모든 화장품은 모든 피부용을 지참하십시오.

※ 바구니의 경우 왜건크기보다 크면 사용할 수 없습니다.
※ 부직포는 지정된 길이에 맞게 미리 잘라서 오시면 됩니다.
※ 재료에 관련된 자세한 사항은 홈페이지(www.hrdkorea.or.kr) 공지사항 및 FAQ 안내사항, 큐넷(www.q-net.or.kr)의 수험자 지참재료목록 등을 참고로 하십시오.

6. 검정장소 시설목록

자격종목	미용사(피부)

구 분	일련번호	장비 및 시설명	규 격	단위	수 량	비 고
	1	베드	1인용	개	1	1인당
	2	탈의실		개소	적정수	모델용
	3	냉·난방시설		대	적정수	실당
	4	wax warmer	can type	대	1	7인당
	5	온장고	중형이상	대	1	〃
	6	의자	베드와 높이 맞는 것	개	1	1인당
	7	작업대	웨건 or 책상	개	1	〃
	8	전기시설		개소	1	실당
	9	수도시설		개소	적정수	없을시 간이시설
	10	대기실		실	적정수	모델 대기실
	11	바인더		개	1	1인당
	12	시계	벽걸이용	개	1	실당
	13	조명시설		실		밝은조명

국가기술자격 실기시험문제

자격종목	미용사(피부)	과제명	피부관리

◎ 수험자 유의사항(전 과제 공통)

1. 수험자는 반드시 위생복(상의는 흰색 반팔 가운, 하의는 흰색 긴바지로 모든 복식은 흰색으로 통일합니다. 단, 머리 장식품(핀 등)을 사용 시에는 검은 색 착용), 마스크 및 실내화(색상은 흰색 통일)를 착용하여야 하며, 복장 등에 소속을 나타내거나 암시하는 표시가 없어야 하고 눈에 띄어 표식이 될 수 있는 액세서리의 착용을 금지합니다.
2. 수험자는 시험 중에 필요한 물품(습포, 왁스 등)을 가져오거나 관리상 필요한 이동을 제외하고 지정된 자리를 이탈하거나 다른 수험자와 대화 등을 할 수 없으며, 질문이 있는 경우는 손을 들고 감독위원이 올 때까지 기다리시오.
3. 사용되는 해면과 코튼은 반드시 새 것을 사용하고 과제 시작 전 사용에 적합한 상태를 유지하도록 미리 준비하시오.
4. 시험 시 사용되는 타월은 대형과 중형은 지참재료상의 지정된 수량만큼만 사용하고, 소형은 필요시 더 사용할 수 있습니다.
5. 수험자는 작업에 필요한 습포를 시험 시작 전 미리 준비(온습포는 과제당 6매까지 온장고에 보관할 수 있으며, 비닐백(지퍼백 등)에 비번호 기재 후 보관하여야 합니다.
6. 모델은 반드시 화장(파운데이션, 마스카라, 아이라인, 아이새도우, 눈썹 및 입술화장(립스틱 사용 등)이 되어 있어야 합니다.(남자모델의 경우도 동일)
7. 관리 대상부위를 제외한 나머지 부위는 노출이 없도록 수건 등으로 덮어두시오.(단, 팔은 노출이 가능합니다.)
8. 팩과 딥클렌징 제품을 제외한 화장품은 어느 한 피부타입에만 특화되지 않고 모든 피부타입에 사용해도 괜찮은 타입(올 스킨타입 혹은 범용)을 사용하시오.
9. 위생복을 입지 않은 경우, 모델의 가운을 지참하지 않은 경우, 주요 화장품을 덜어서 온 경우는 시험 대상에서 제외합니다.
10. 다음의 경우에는 득점과 관계없이 채점대상에서 제외합니다.
   ① 시험 전 과정을 응시하지 않은 경우
   ② 시험 도중 시험실을 무단 이탈하는 경우
   ③ 부정한 방법으로 타인의 도움을 받거나 타인의 시험을 방해하는 경우
   ④ 무단으로 모델을 수험자간에 교환하는 경우
   ⑤ 기타 국가자격검정 규정에 위배되는 부정행위 등을 하는 경우
11. 제시된 작업시간 안에 세부 작업을 끝내며, 각 과제의 마지막 작업 시에는 주변정리를 함께 끝내야 합니다. 각 세부 작업 시험시간을 초과하는 경우는 해당되는 세부 작업을 0점 처리합니다.
12. 복장규정에 어긋나는 경우, 관리 범위를 지키지 않는 경우(관리 범위 중 일부를 하지 않거나 범위를 벗어나는 것 모두 해당), 작업순서를 지키지 않는 경우, 눈썹을 사전에 모두 정리를 해서 오는 경우 등은 감점의 대상이 되며, 지압 및 강한 두드림 등 안마행위를 하는 경우 및 눈썹과 체모가 없는 경우는 해당 작업을 0점 처리합니다.

국가기술자격 실기시험문제

자격종목	미용사(피부)	과제명	얼굴관리

비번호 :

※시험시간 : [○ 표준시간 : 2시간15분]
- 1과제 : 1시간25분(준비작업시간 및 위생 점검시간 제외)
- 2과제 : 35분(준비작업시간 제외)
- 3과제 : 15분(준비작업시간 제외)

1. 요구사항

※ 다음과 같이 준비 작업을 하시오.

가. 클렌징 작업 전, 과제에 사용되는 화장품 및 사용 자료를 관리에 편리하도록 작업대에 정리하시오.
나. 베드는 대형 수건을 미리 세팅하고, 재료 및 도구의 준비, 개인 및 기구 소독을 하시오.
다. 모델을 관리에 적합하게 준비(복장, 헤어터번, 노출관리 등)하고 누워 있도록 한 후 감독위원의 준비 및 위생 점검을 위해 대기하시오.

※ 아래 과정에 따라 모델에게 피부미용 작업을 하시오.

순서	작업명	요구내용	시간	비고
1	관리계획표 작성	제시된 피부타입 및 제품을 적용한 피부관리 계획을 작성하시오.	10분	
2	클렌징	지참한 제품을 이용하여 포인트 메이크업을 지우고 관리범위를 클렌징 한 후, 코튼 또는 해면을 이용하여 제품을 제거하고, 피부를 정돈하시오.	15분	도포 후 문지르기는 2~3분 정도 유지하시오.
3	눈썹정리	족집게와 가위, 눈썹칼을 이용하여 얼굴형에 맞는 눈썹모양을 만들고, 보기에 아름답게 눈썹을 정리하시오.	5분	눈썹을 뽑을 때 감독확인 하에 작업하시오. (한쪽 눈썹에만 작업하시오.)
4	딥클렌징	스크럽, AHA, 고마쥐, 효소의 4가지 타입 중 지정된 제품을 이용하여 얼굴에 딥클렌징 한 후, 피부를 정돈하시오.	10분	제시된 지정타입만 사용하시오.

[1과제] 2-1

자격종목	미용사(피부)	과제명	얼굴관리

순서	작 업 명	요 구 내 용	시간	비 고
5	손을 이용한 관리 (매뉴얼테크닉)	화장품(크림 혹은 오일타입)을 관리부위에 도포하고, 적절한 동작을 사용하여 관리한 후, 피부를 정돈하시오.	15분	
6	팩	팩을 위한 기본 전처리를 실시한 후, 제시된 피부타입에 적합한 제품을 선택하여 관리부위에 적당량을 도포하고, 일정시간 경과 뒤 팩을 제거한 후, 피부를 정돈하시오.	10분	팩을 도포한 부위는 코튼으로 덮지 마시오.
7	마스크 및 마무리	마스크를 위한 기본 전처리를 실시한 후, 지정된 제품을 선택하여 관리부위에 작업하고, 일정시간 경과 뒤 마스크를 제거한 다음 피부를 정돈한 후 최종마무리와 주변 정리를 하시오.	20분	제시된 지정마스크만 사용하시오.

2. 수험자 유의사항

1) 지참 재료 중 바구니는 왜건의 크기(가로×세로)보다 큰 것은 사용할 수 없습니다.
2) 관리계획표는 제시되어진 조건에 맞는 내용으로 시험에서의 작업에 의거하여 작성하시오.
3) 필기도구는 흑색(혹은 청색) 볼펜만을 사용하여 작성하시오.
4) 눈썹정리 시 족집게를 이용하여 눈썹을 뽑을 때는 감독위원의 입회하에 실시하되, 감독위원의 지시를 따르시오.
   (작업을 하고 있다가 감독위원이 지시하면 족집게를 사용하며, 작업을 하지 않고 기다리지 마시오.)
5) 팩은 요구되는 피부타입에 따라 제품을 선택하여 사용하고, 붓 또는 스파튤라를 사용하여 관리 부위에 도포하시오.
6) 마스크의 작업 부위는 얼굴에서 목 경계부위까지로 작업 시 코와 입에 호흡을 할 수 있도록 해야 합니다.
7) 얼굴 관리 중 클렌징, 손을 이용한 관리, 팩 작업에서의 관리범위는 얼굴부터 데콜테(가슴(breast)은 제외)까지를 말하며, 겨드랑이 안쪽 부위는 제외됩니다.
8) 모든 작업은 총 작업시간의 90% 이상을 사용하시오.(단, 관리계획표 작성은 제외)

[1과제] 2-2

국가기술자격 실기시험문제

자격종목	미용사(피부)	세부과제명	관리계획표 작성

비번호 :

※시험시간 : [○ 표준시간 : 2시간15분]

- 1과제 세부과제 : 10분

※ 아래 예시에서 주어진 조건에 맞는 관리계획표를 작성하시오.

1. 얼굴의 피부 타입은 팩 사용의 부위별 피부 타입을 기준으르 결정하시오.
   (단, T-존과 U-존의 피부 타입만으로 판단하며, 피부의 유·수분 함량을 기준으로 한 타입(건성, 중성(정상), 지성, 복합성)만으로 구분하시오.

2. 팩 사용을 위한 부위별 피부 상태(타입)
   ○ T-존 :

   ○ U-존 :

   ○ 목 부위 :

3. 딥클렌징 사용제품 :

4. 마스크

※ 기타 유의사항

1) 관리계획표상의 클렌징, 매뉴얼테크닉용 화장품은 본인이 시험장에서 사용하는 제품의 제형을 기준으로 하시오.

[관리계획표] 3-1

관리계획 차트 (Care Plan Chart)

비번호	형별	시험일자 20 . . . (부)

관리목적 및 기대효과	관리목적 :
	기대효과 :
클렌징	☐ 오일 ☐ 크림 ☐ 밀크/로션 ☐ 젤
딥클렌징	☐ 고마쥐(gommage) ☐ 효소(enzyme) ☐ AHA ☐ 스크럽
매뉴얼테크닉 제품타입	☐ 오일 ☐ 크림
손을 이용한 관리형태	☐ 일반 ☐ 림프
팩	T-존 : ☐ 건성타입 팩 ☐ 정상타입 팩 ☐ 지성타입 팩
	U-존 : ☐ 건성타입 팩 ☐ 정상타입 팩 ☐ 지성타입 팩
	목부위 : ☐ 건성타입 팩 ☐ 정상타입 팩 ☐ 지성타입 팩
마스크	☐ 석고 마스크 ☐ 고무모델링 마스크
고객 관리 계획	1주 :
	2주 :
	3주 :
	4주 :
자가관리 조언 (홈케어)	제품을 사용한 관리 :
	기타 :

※ 관리계획표는 요구하는 피부타입에 맞추어 시험장에서의 관리를 기준으로 하시오.
※ 고객관리계획은 향후 주단위의 관리 계획을, 자가관리 조언은 가정에서의 제품 사용을 위주로 간단하고 명료하게 작성하며 **수정 시 두 줄로 긋고** 다시 쓰시오.
※ 체크하는 부분은 주가 되는 하나만 하시오.
※ 고객관리 계획에서 마스크에 대한 사항은 제외하며, 마무리에 대한 사항은 작성하시오.

[관리계획표] 3-3

국가기술자격 실기시험문제

<table>
<tr><td>자격종목</td><td>미용사(피부)</td><td>과제명</td><td>팔, 다리 관리</td></tr>
</table>

비번호 :

※시험시간 : [○ 표준시간 : 2시간15분]
- 2과제 : 35분(준비작업시간 제외)

1. 요구사항

※ 팔, 다리 관리를 하기 위한 준비작업을 하시오.

가. 과제에 사용되는 화장품 및 사용 재료는 작업에 편리하도록 작업대에 정리하시오.
나. 모델을 관리에 적합하도록 준비하고 베드 위에 누워서 대기하도록 하시오.

※ 아래 과정에 따라 모델에게 피부미용 작업을 실시하시오.

<table>
<tr><th>순서</th><th colspan="2">작 업 명</th><th>요 구 내 용</th><th>시간</th><th>비 고</th></tr>
<tr><td rowspan="2">1</td><td rowspan="2">손을 이용한 관리 (매뉴얼 테크닉)</td><td>팔(전체)</td><td rowspan="2">모델의 관리부위(오른쪽 팔, 오른쪽 다리)를 화장수를 사용하여 가볍고 신속하게 닦아낸 후 화장품(크림 혹은 오일타입)을 도포하고, 적절한 동작을 사용하여 관리하시오.</td><td>10분</td><td rowspan="2">총 작업시간의 90% 이상을 유지하시오.</td></tr>
<tr><td>다리(전체)</td><td>15분</td></tr>
<tr><td>2</td><td colspan="2">제 모</td><td>왁스 워머에 데워진 핫 왁스를 필요량만큼 용기에 덜어서 작업에 사용하고, 다리에 왁스를 부직포 길이에 적합한 면적만큼 도포한 후, 체모를 제거하고 제모부위의 피부를 정돈하시오.</td><td>10분</td><td>제모는 좌·우 구분이 없으며 부직포 제거전 손을 들어 감독의 확인을 받으시오.</td></tr>
</table>

2. 수험자 유의사항

1) 손을 이용한 관리는 팔과 다리가 주 대상범위이며, 손과 발의 관리 시간은 전체 시간의 20%를 넘지 않도록 하시오.
2) 제모 시 발을 제외한 좌·우측 다리(전체) 중 적합한 부위에 한번만 제거하시오.
3) 관리부위에 체모가 완전히 제거되지 않았을 경우 족집게 등으로 잔털 등을 제거하시오.
4) 제모 작업은 7×20cm 정도의 부직포 1장을 이용한 도포 범위(4~5 × 12~14 cm)를 기준으로 하시오.

[2과제] 1-1

국가기술자격 실기시험문제

자격종목	미용사(피부)	과제명	림프를 이용한 피부관리

비번호 :

※시험시간 : [○ 표준시간 : 2시간15분]
- 3과제 : 15분(준비작업시간 제외)

1. 요구사항

※ 림프관리에 적합한 준비작업을 하시오.

가. 과제에 사용되는 화장품 및 사용 재료는 작업에 편리하도록 작업대에 정리하시오.
나. 모델을 작업에 적합하도록 준비하시오.

※ 아래 과정에 따라 모델에게 피부미용 작업을 실시하시오.

순서	작 업 명	요 구 내 용	시간	비 고
1	림프를 이용한 피부관리	적절한 압력과 속도를 유지하며 목과 얼굴 부위에 림프절 방향에 맞추어 피부관리를 실시하시오. (단, 에플라쥐 동작을 시작과 마지막에 하시오.)	15분	종료시간에 맞추어 관리하시오.

2. 수험자 유의사항

1) 작업 전 관리부위에 대한 클렌징 작업은 하지 마시오.
2) 관리 순서는 에플라쥐를 먼저 실시한 후 첫 시작지점은 목 부우(profundus)부터 하되, 림프절 방향으로 관리하며, 림프절의 방향에 역행되지 않도록 주의하시오.
3) 적절한 압력과 속도를 유지하고, 정확한 부위에 실시하시오.

[3과제] 1-1

※ 참고 사항

1. 얼굴관리 시 관리 범위

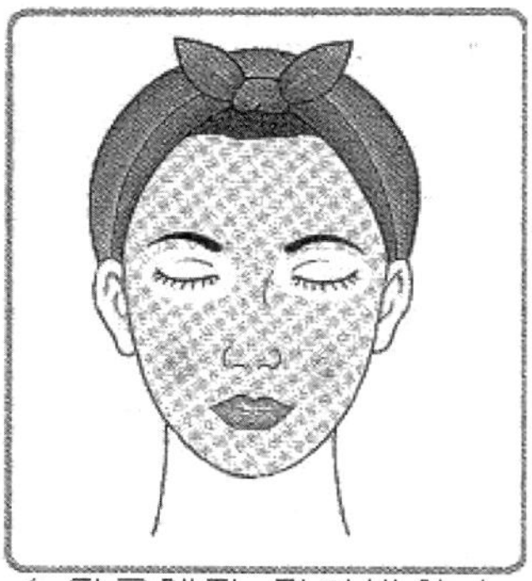

< 딥클렌징 관리범위 >

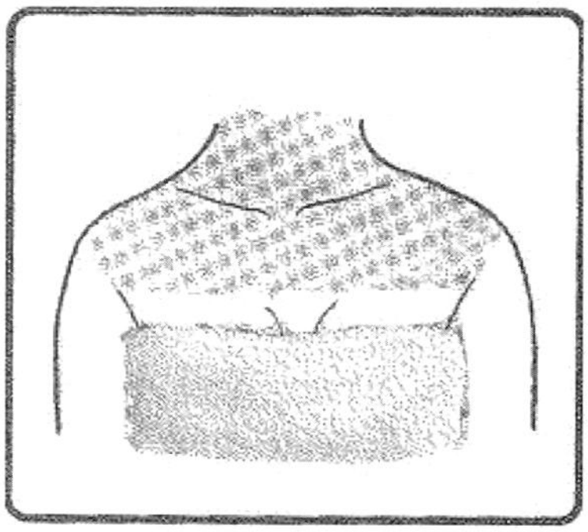

<손을 이용한 관리 범위>

2. 화장 예시

≪ Natural Make-up ≫

※ 남성의 경우 위와 비슷한 톤 정도로 메이크업 하면 됨

미용사(피부) 수험자 복장 감점 적용범위

구 분	기 준	내 용	감점 적용	비 고
위생복 (가운)	반팔 흰색	민소매형(민소매 + 반팔티 포함)	√	가운의 목깃, 허리 부분 길이, 디자인 등은 감점사항 아님
		긴팔(걷는 것도 포함)	√	
		반팔가운이지만 속티가 길게 나온 경우	√	
		하얀색 바탕에 검정무늬(단추 등 포함)	√	비표식 개념
위생복 (하의)	흰색 긴 바지	검정, 회색, 아이보리, 베이지 등의 유색 하의	√	하의의 종류, 재질 및 디자인은 구분하지 않음
		긴바지가 아닌 하의 (반바지, 스타킹, 츄리닝, 레깅스 등)	√	
		색줄 혹은 색무늬 있는 하의	√	
		기타 흰색 외 색상	√	
마스크	흰색	청색(하늘색 포함)	√	청색은 비표식 개념 (수험자 재료목록 기재사항)
		미착용	√	
		흰색 외 색상	√	
신발	흰색 실내화	실내화가 아닌 신발(일반운동화, 구두 등 실외에서 착용하는 신발 등)	√	신발 앞 혹은 뒤가 터져 있는 경우 샌달 혹은 슬리퍼 형으로 간주
		샌달 형	√	
		슬리퍼 형	√	
		뒤가 터져 있는 간호사 신발	√	
		선명하고 확실하게 구분되는 두꺼운 줄 및 무늬가 있는 신발	√	
		기타 흰색 외 색상	√	
티셔츠	흰색	흰색을 제외한 유색 티셔츠 (가운 밖으로 노출이 되는 경우)	√	비표식 개념
		목 전체를 덮는 폴라티	√	
양말	흰색	흰색 외 색상(표시가 나는 유색 스타킹 등도 포함) ※ <u>표시가 나지 않는 스타킹은 감점 제외</u> ※ <u>양말은 안신은 경우(맨발)는 감점</u>	√	복식은 흰색으로 통일하도록 되어 있으며, 유색은 비표식 개념
기타	검은색	검은색을 제외한 머리 띠 및 머리망, 머리핀 등의 머리 고정용품 ※ <u>검은색 고정용품에 큐빅 등이 있는 경우는 감점 제외</u> ※ <u>반지, 귀걸이 등은 악세사리로 하여 위생점수에서 반영하면 됨</u>	√	머리용은 검은색으로 통일하도록 되어 있으며, 흰색은 규정위반

※ 양말 - 상표, 유색 테두리 허용

※ 신발 - 상표, 유색 테두리 허용, 젤리화, 크록스화, 벨크로형(찍찍이) 형태의 실내화 등 감점 (제시된 사진 참고)

※ 반팔 위생복(가운)의 팔부위에서 안쪽 옷(티셔츠)이 밖으로 나오면 감점

※ 허용 양말 및 신발 사진 예시

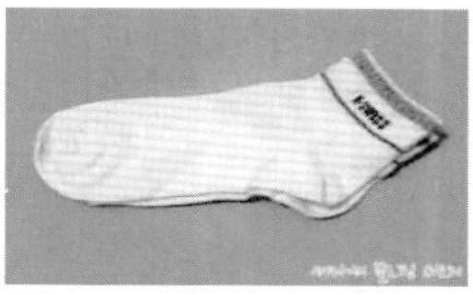
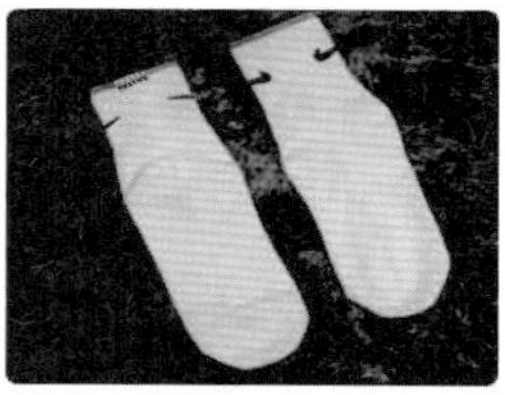
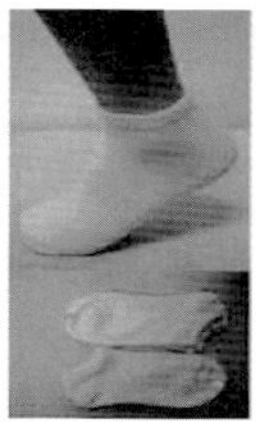

미용사(피부) 실기시험 관련 FAQ

- 마스크 과제 추가 관련 -

Q1. 기존의 팩 작업이 변경되었나요?

A1. 기존의 팩 및 마무리(15분) → 팩(10분)으로 변경되었습니다. 팩 작업은 10분 동안 기존과 동일하게 진행하고 팩이 건조되면 해면이나 습포 등을 이용하여 제거하며 토닝 후, 마스크 작업 준비를 하시면 됩니다. 기존의 팩 작업 후에 했던 마무리는 마스크 작업 후에 합니다.

Q2. 고무 마스크 작업은 어떻게 해야 하나요?

A2. 마스크를 위한 기본 전처리를 실시하며, (젖은 아이패드 사용)석고마스크와 동일한 작업범위로 적용하여 도포합니다. 캡플이나 거즈는 적용할 필요는 없습니다.

Q3. 시중에 판매되고 있는 마스크의 종류가 다양한데 어떤 것을 준비해야 되나요?

A3. 석고 마스크와 고무 마스크의 추가 성분에 따른 제품의 종류에 특별한 제한을 두진 않습니다.(예: 비타민, 콜라겐, 녹차 등)

Q4. 석고 마스크 작업은 어떻게 해야 하나요?

A4. 마스크를 위한 기본 전처리를 실시하며 석고 베이스 크림을 도포하고, (젖은 아이패드와 젖은 거즈를 사용) 물에 갠 석고 파우더를 얼굴에서 목의 경계부위까지 (턱 하단 포함)도포하되, 코와 입에 호흡을 할 수 있도록 도포하여야 합니다.

Q5. 석고 마스크 작업을 위해 미온수를 준비해야 하나요?

A5. 시험 중 수험자 편의를 위해 미온수를 별도로 제공 및 사용하지 않으며 석고팩의 종류를 제한하지 않기 때문에 반드시 미온수를 사용할 필요는 없습니다.
석고마스크의 경우 냉(cool)타입도 사용가능합니다.

Q6. 마스크 작업에 필요한 재료(파우더, 물)는 어떻게 가져 오나요?

A6. 마스크 파우더의 경우 시중에서 판매 되는 제품의 양이 많기 때문에 필요량 만큼 위생적으로 청결한 상태의 용기나 지퍼백에 덜어 오시면 됩니다.
마스크에 사용되는 물의 경우도 시험장의 개수 시설에서 이용하시거나 필요량만큼 위생적으로 청결한 상태의 용기에 덜어 오시면 됩니다.

Q7. 마스크 도포 시 자리에 일어서서 도포해도 되나요?

A7. 기존의 팩 작업과는 달리 마스크는 제형특성상 흘러내릴 수가 있으므로 타인의 수험이나 시험 진행에 방해되지 않는 범위 내에서 필요에 따라 일어서서 도포하셔도 됩니다.

Q8. 마스크 도포가 끝난 후 도포된 부위의 가장자리에 티슈 처리를 해도 되나요?

A8. 마스크의 완성 상태를 평가해야 하므로 마스크가 도포된 가장자리에 티슈 처리 등 별도의 추가 작업을 해서는 안됩니다.

Q9. 마스크 작업 후 마무리는 어떻게 하나요?

A9. 기존의 팩 작업 후에 하셨던 최종 마무리를 마스크 작업 후에 하시면 됩니다.
팩은 마무리 과정없이 10분 동안, 마스크는 마무리 작업을 포함하여 마스크 전체 과제를 20분 동안 수행하시면 됩니다.

Q.10 시험 중 마스크 작업으로 추가되는 재료는 정리대의 상단에 보관해야 되나요?

A.10 마스크 작업이 1과제에 해당되므로 정리대의 상단에 보관하는 것이 좋으나 정리대의 상단이 복잡할 경우 필요 시, 하단에 보관하셔도 됩니다.
다만, 시험 진행 중 정리대의 위생 상태가 청결하도록 유지하여야 합니다.

※ 미용사(피부)에 관련된 기본 사항은 본 공단 홈페이지(http://www.q-net) 자료실(공개문제)에 이미 공개되어 있는 미용사(피부) 관련 FAQ를 참고 하시기 바랍니다.

미용사(피부) 공개문제 관련 FAQ(Vol. 1.6)

- 공개문제 관련 -

Q1. 2013년부터 실기시험 중 기존 시험과 변경된 사항이 있나요?

A1. 2012년 하반기 (7월 2일) 상시 실기 검정 제 22회부터 얼굴관리(1과제)에 마스크 및 마무리 과제가 추가되었으며, 2013년에도 동일하게 적용됩니다. 공단자격홈페이지(www.q-net.or.kr) → 고객만족(화면 상단) → 자료실 → 공개문제 → 검색항목 중 '글제목' 선택 → 종목명 입력 및 검색 → 목록 중 [공개문제]선택 → 다운로드 → 열기로 하반기부터 적용되는 새로운 "공개문제" 확인하시면 되겠습니다.

Q2. 미용사(피부) 실기시험은 과제 구성이 어떻게 됩니까?

A2. 미용사(피부) 실기시험은 공개된 바와 같이 1과제 「얼굴관리」, 2과제 「팔, 다리관리」, 3과제 「림프를 이용한 피부관리」의 순으로 구성되어 시험이 시행됩니다. 공개문제 등은 수정사항에 의하여 새로 등재되므로 정기적으로 확인을 하셔야 합니다.

Q3. 과제별 시험 시간은 어떻게 됩니까?

A3. 시험시간은 전체 2시간(순수작업시간 기준)이며, 각 과제별 시간은 1과제 70분, 2과제 35분, 3과제 15분입니다.
단, 2012년 하반기 (7월 2일)부터는 얼굴관리(1과제)에 마스크 과제가 추가됨에 따라 1과제 시험 시간이 85분, 전체 2시간15분(순수작업시간 기준)으로 변경됩니다.

Q4. 기본 준비작업은 어떻게 해야 하나요?

A4. 과제 시작 전에 준비작업시간을 따로 부여하며, 이때 과제에 필요한 작업물과 도구, 베드 등을 작업에 적합하게 준비한 다음 대기하고 있으면 됩니다. 모델은 바로 작업이 가능한 상태로 되어 있어야 하며, 눕혀서 대기하면 됩니다.

Q5. 손을 이용한 피부관리와 마사지는 어떤 차이가 있나요?

A5. 미용사(피부)의 피부관리는 마사지라는 용어를 사용하지 않습니다. 시중의 마사지와 손을 이용한 피부관리(매뉴얼테크닉)는 목적하는 바가 분명히 다릅니다. 피부미용에서의 손을 이용한 피부관리는 원칙적으로 화장품 등의 물질의 원활한 도포 및 그것을 돕기 위한 일련의 손 동작을 의미하며 근육을 강하게 누르거나 마사지하여 일정 부위를 자극하거나 쾌감을 유도하는 일련의 마사지 법과

는 분명한 차이가 있습니다.

Q6. 피부관리계획표의 작성은 어떻게 하나요?

A6. 당일날 시험장에서 얼굴부위별 타입에 대한 내용과 사용할 딥클렌징제를 지정(당일 시험장 측에서 제시함)하면 그에 따른 피부관리계획표를 작성하게 되며, 이는 데려온 모델의 피부타입과는 관계없이 이루어집니다. 그리고 이후의 작업은 모델의 피부타입과는 관계없이 피부관리계획표 상의 제품을 기준으로 수행하면 됩니다. 기타 피부관리 계획표의 기재사항은 공개문제를 참고하시면 됩니다.

Q7. 눈썹정리 과제는 어떻게 작업하면 됩니까?

A7. 눈썹정리는 가위, 눈썹칼, 족집게를 이용하여 하시면 됩니다. 족집게의 사용 시는 반드시 감독위원의 입회 및 지시에 따라야 되며, 3개 이상만 뽑아내면 됩니다. 넓은 면의 잔털과 모양내기는 눈썹칼을 이용하면 됩니다. 눈썹정리 시 제거한 눈썹은 옆에 티슈에 모아 놓았다가 감독위원의 지시에 따라 휴지통에 버리시면 됩니다.(하나도 없는 경우는 미리 눈썹 정리를 다 해온 것으로 판단하여 채점상 불이익을 받을 수 있습니다.)
단, 2012년 하반기 (7월 2일)부터는 눈썹정리 시 한쪽 눈썹에만 작업하도록 변경됩니다.

Q.8. 딥클렌징 과제는 어떻게 작업하면 됩니까?

A.8 모델의 피부 타입과는 관계없이 4가지 타입 중 당일 지정해주는 제품 타입을 이용하여 관리를 해야 합니다.

Q9. 팩은 어떻게 하면 되나요?

A9. 시험장에서 지정해주는 얼굴과 목 타입에 맞는 제품을 사용하면 됩니다. 얼굴에서 T 존과 U 존, 그리고 목 부위의 세 부위별로 타입을 제시(전체가 한 가지 타입이 될 수도 있고, 세 부위가 각각 다른 타입이 될 수도 있음)하여 팩을 도포하도록 되어있습니다.

Q10. 마스크 어떻게 하면 되나요?

A10. 석고마스크와 고무모델링 마스크 중 시험장에서 지정해주는 제품을 사용하면 됩니다. 마스크를 위한 기본 전처리를 실시한 후, 얼굴에서 목의 경계부위까지 (턱 하단 포함) 코와 입에 호흡을 할 수 있도록 도포하시면 됩니다.

Q11. 팔, 다리 관리시간은 어떻게 되고 또 관리 부위는 어떻게 되나요?

A11. 10분 동안 팔 관리를 하고, 이어 다리 부위를 15분 동안 관리하는 방식으로

진행됩니다. 관리부위는 공개된 것처럼 오른 쪽 팔과 오른 쪽 다리 부위 총 2 부위를 대상으로 순서대로 작업하게 됩니다. 팔은 전체를 관리대상으로 하고, 다리의 경우도 전체를 대상으로 범위가 넓어졌습니다. 다리는 서혜부를 제외한 아래쪽 전부를 말하며, 뒤쪽도 포함되므로 뒤쪽은 다리를 들어서(다리를 세우거나, 개구리 다리 모양으로 옆으로 해서) 관리를 하시면 됩니다.

Q12. 제모는 어떻게 하나요?

A12. 제모는 제공되는 왁스를 종이컵에 덜어가서 사용하여 작업하면 됩니다. 제모 작업의 작업 부위는 양쪽 다리 전체 중 제모하기에 적합한 부위를 하면 되며, 제모 면적은 수험자 지참 재료인 부직포(7×20cm)를 이용할 때 적합한 정도인 4~5× 12~15cm 정도이면 됩니다. 단, 부직포를 제거할 때는 감독위원의 입회하에 작업을 하면 됩니다.

Q13. 림프를 이용한 관리는 어떻게 하나요?

A13. 림프를 이용한 관리는 15분의 시간으로 진행되며, 림프관리시에는 종료와 동시에 끝낼 수 있도록 하면 됩니다. 림프를 이용한 관리는 시술 부위는 얼굴과 목을 대상으로 하며 림프절을 따라 손을 이용하여 피부관리를 하면 되며, 순서는 데콜테 부위의 에플라쥐를 가볍게 하신 후 손동작의 시작점은 프로폰두스부터 시작하면 되고, 목관리-얼굴관리 순으로 하고 마지막 동작은 에플라쥐로 끝내면 됩니다.

Q14. 시중의 피부관리실 등을 보면 업소에 따라 피부관리하는 방법이 상당히 다르고 또 업소나 사람마다 행하는 시술법이 다른 것 같은데 어떤 것을 기준으로 하게 되나요?

A14. 미용사(피부)는 기능사 등급의 시험입니다. 즉 피부미용사의 업무를 행하기 위한 기본적인 동작과 시술을 보는 것이기 때문에 화려한 테크닉이나 특별한 시술법을 요구하지 않습니다. 손을 이용한 피부관리는 기본 동작의 정확도, 연결성, 리드미컬한 움직임 등 기본 동작과 자세 등을 가장 중점으로 채점하는 것을 기본 방향으로 하고 있습니다.

Q15. 시험 시 검정장에서 제공되는 것은 무엇이 있나요?

A15. 공통으로 사용되는 기자재(왁스 워머, 온장고 등)와 베드 등은 검정장에서 준비가 됩니다. 지참 시 필요한 준비물은 공개문제 혹은 원서 접수 시에 www.Q-net.or.kr에서 확인이 가능합니다.

Q16. 모델은 직접 데리고 와야 하나요?

A16. 모델의 경우도 미용사(일반)와 동일하게 수험자가 대동하고 와야 합니다. 그

리고 자신이 데려온 모델은 자신이 관리하게 되며, 사전 준비 시간에 모델에게 필요한 준비물(가운, 슬리퍼 등)은 모델에게 미리 주셔야 합니다.

Q17. 모델의 조건은 어떻게 되나요?

A17. 모델은 기본적으로 메이크업을 하고 와야 하며, 모델의 나이 상한 제한은 없어졌으며 만 17세가 되는해 출생자부터 모델로서 가능합니다. 그리고 국적이 한국인 사람 외에 조선족이나 중국계 한족 및 동남아인, 백인 등은 모델로서 가능합니다만 피부색 등이 일반적인 한국인과 많이 달라 감독위원의 채점에 지장을 줄 수 있는 모델은 불가합니다. 그 외에 심한 민감성 피부 혹은 심한 농포성 여드름이 있는 사람(스크럽이나 고마쥐의 1회 관리 시에도 문제가 생기는 피부를 의미), 성형수술(코, 눈, 턱윤곽술, 주름제거 등)한지 6개월 이내인 사람, 임신 중인 사람, 피부관리에 적합하지 않은 질환 혹은 피부질환을 가진 사람, 암환자 등은 모델이 될 수 없으며, 눈썹이 없거나 적어(일반적인 기준으로 가로길이의 2/3 정도가 되지 않는 경우) 눈썹관리 작업에 적합하지 않은 사람, 체모가 없거나 아주 적어 제모시술에 적합하지 않은 사람은 감점 등의 불이익이 있을 수 있습니다. 여성 수험자는 여성모델을, 남성 수험자는 남성 모델을 준비하시면 되며 사전에 모델에게 작업에 요구되는 노출에 대한 동의를 받으셔야 합니다.

Q.18. 남자가 응시하게 되는 경우는 모델을 어떻게 해야 하나요?

A.18. 남자의 경우는 남자수험자들만 따로, 남성 모델을 대상으로 피부관리를 하게 됩니다. 그리고 모델은 기본적으로 화장이 되어 있어야 하며, 만약 화장이 필요한 남성 모델의 경우 검정장의 대기실에서 모델조건에 맞는 화장을 할 수 있도록 할 예정이니 이를 위한 준비를 따로 하시면 됩니다. 그리고 남자 모델은 시험장의 베드에서 관리를 받기 위해 상의를 탈의 하여야 하며, 다리 관리시에는 하의를 탈의 하거나, 다리 관리 범위에 지장이 없도록 하의를 관리하도록 해야 됩니다.

Q.19. 볼에 화장품을 덜어서 사용해야 합니까?

A.19. 기본적으로 관리 시 위생상태의 유지를 위해 한번의 양으로 모두 사용되지 않는 한 필요한 양만큼 볼에 덜어둔 뒤 관리 시 사용되는 것이 권장됩니다. 볼 3개를 모두 사용했을 경우에는 티슈 등으로 닦아낸 뒤 소독을 하고 재사용하시는 것은 허용됩니다(필요한 경우 소형 볼을 더 지참할 수 있음).

Q.20. 습포는 어떻게 사용해야 합니까?

A.20. 온습포 혹은 냉습포는 관리에 반드시 사용되어야 하는 단계가 있습니다. 그 외의 경우에는 습포를 사용하는 것에 대하여는 관리상의 선택 혹은 방법으로

간주하여 점수화 하지는 않습니다(언제 사용해야 하는 것은 채점과 관계된 사항이므로 답변하지 않습니다.). 그리고 온습포의 사용은 비치된 온장고를 이용하면 되며, 반드시 사용할 때마다 가져와야 합니다. 그리고 온장고 이용 시에는 집게(비치될 예정임, 개인 집게 사용가능)와 트레이(쟁반)를 사용하여 습포를 가져오면 됩니다.

Q.21. 1과제의 손을 이용한 관리시 관리 부위는 어디 까지 입니까?

A.21. 1과제의 손을 이용한 관리시 관리 대상이 되는 부위는 데콜테까지입니다. 단, 가슴 및 겨드랑이 안쪽 부위는 포함하지 않습니다.

Q.22. 재료를 구비하는데 비용이 많이 소모됩니다. 실기 저료비를 많이 받고 재료를 지급하는 것으로 바꿀 수는 없나요?

A.22. 실기검정에 필요한 재료는 어느 정도의 비용이 소모된다는 점은 십분 이해하고 있습니다. 그러나 검정 시 필요하다고 제시된 재료들은 실기 검정을 위해 연습 혹은 준비에 모두 사용되는 것입니다. 재료는 한번의 시험만을 위해서가 아니라 지속적으로 적용되는 모든 점을 감안하여서 결정됩니다. 실기재료를 지급하여 검정을 시행하는 경우에는 시험 준비(연습)를 위해서 필요한 물품들을 구입해야 하고, 또 시험을 위해서 같은 재료들에 대한 비용을 다시 지불해야 하며, 한번에 합격하지 못할 경우 같은 것을 또 지불해야 하는 등 오히려 더 많은 비용의 소모가 있는 등외에도 여러 가지 단점을 가지고 있습니다. 이러한 여러 가지 사항을 감안하여 결정된 사항이오니 불편하시더라도 이해해 주시면 감사하겠습니다.

※ 미용사(피부)에 관련된 기본 사항은 본 공단 홈페이지(http://www.q-net) 자료실(공개문제)에 이미 공개되어 있는 미용사(피부) 관련 FAQ를 참고하시기 바랍니다.

※ 기타 공지 되지 않은 사항 중 안내가 필요한 사항은 추후 FAQ를 통해 안내하거나, 원서 접수시 q-net의 수험자지참재료목록을 통해 공지하겠습니다.

※ 추후 공지되는 사항은 본 공단 홈페이지를 통해 확인하실 수 있습니다.

미용사(피부) 공개문제 관련 FAQ(Vol. 2.6)

- 재료관련 사항-

미용사(피부) 실기시험 문제에 대한 재료관련 공통 질의 사항을 정리하여 알려드립니다.

Q1. 위생복(관리사 가운)과 실내화, 마스크는 어떤 것으로 준비해야 합니까?

A1. 위생복은 현재 미용사(일반)에서 사용하고 있는 흰색 반팔 의사 가운 및 흰색 바지로, 몸의 모든 복식은 흰색으로 통일하시면 됩니다. 실내화도 역시 미용사(일반)에서 사용하는 앞, 뒤가 트이지 않은 실내화(운동화는 안되며, 반드시 실내화를 지참해야 함)를 준비하면 되고 관리 작업상 굽이 있는 경우도 가능합니다. 마스크의 경우는 약국 등에서 판매하는 일회용 흰색 마스크를 사용하시면 됩니다. 즉, 복장은 외부에서 보았을 때 머리부분의 악세사리를 제외하고 모두 흰색(양말 등 포함)이면 되며, 반팔 가운 밖으로 긴팔 옷을 입는다던지, 가운 밖으로 다른 색의 옷이 보인다던지 하면 채점 상 불이익을 받을 수 있습니다(흰색은 가능) 기타 자세한 사항은 "미용사(피부) 수험자 복장 감점 적용범위"를 참고하시기 바랍니다.

Q2. 타월은 어떻게 준비하고 또 사용용도는 어떤가요?

A2. 타월은 대, 중, 소로 지정된 사이즈(대형의 경우 10% 정도의 크기 차이는 무방합니다.)로 준비하시면 되며, 대형은 베드 깔개와 1,3과제에서의 모델을 덮는 용으로, 중형은 2과제에서 신체 부위를 가리는 용도 및 목 등 부위 받침용으로, 소형은 기타 및 습포용으로 사용하시면 됩니다. 수량은 대형과 중형은 지정된 수량을 준비하면 되고, 소형은 작업에 필요한 습포의 양에 따라 최소 5장 이상 가져오시면 됩니다(온장고에는 최대 6장까지 보관할 수 있습니다.). 그리고 대형의 경우 보통 피부미용업소에서 사용하는 베드용 타올의 폭으로 되어있는 것(100~135×180cm)도 무방합니다.

Q3. 모델용 가운은 어떻게 준비하나요?

A3. 모델용 가운은 지정된 색의 가급적 무늬가 없는 것으로 준비하시면 됩니다. 현란하거나 큰 무늬를 제외한 작은 무늬(일명 땡땡이 등)가 있는 정도는 허용하며, 밴드형과 벨크로(찍찍이)형 중 하나를 준비 하시면 됩니다. 그리고 겉가운은 검정시설 상 모델 대기실과 검정장이 떨어져 있어 이동을 해야 하는 경우가 많으므로 이때 사용하는 것으로 색깔 역시 지정된 색 계통으로 일반 가운형을 준비하시면 됩니다.

Q4. 남성 모델용 옷은 색상이 상하의 통일인가요?
A4. 남성 모델용 옷은 상의는 흰색, 하의는 베이지 혹은 남색으로 준비하시면 됩니다.

Q5. 모델용 슬리퍼는 특별한 제한이 없나요?
A5. 모델용 슬리퍼는 특별한 제한은 없습니다.

Q6. 알콜 및 분무기는 분무기에 알콜을 넣어오면 되는 건가요?
A6. 펌프식 혹은 스프레이식의 분무기에 알콜을 넣어오시면 되고 이것은 화장품, 기구 혹은 손 등의 소독시에 사용됩니다. 그리고 스프레이식을 사용하여 소독하는 것에 대한 감점 등의 사항은 없습니다.

Q7. 정리대는 가져가야 하나요?
A7. 왜건은 기본적인 검정장 시설에 속하므로 모두 구비되어 있습니다. 그러므로 가져오실 필요가 없습니다.

Q8. 미용솜과 일반솜은 무엇을 얘기하는 건가요?
A8. 미용솜은 일반 화장솜을, 일반솜은 탈지면(코튼)을 의미합니다. 둘 다 소독용 혹은 클렌징용으로 사용됩니다.

Q9. 보울과 대야(해면볼)는 어떤 사이즈를 준비하면 됩니까?
A9. 보울은 소형의 유리 혹은 플라스틱 볼을 준비하면 되고 화장품을 덜어서 사용하는 용도로 이용됩니다. 그리고 대야(해면볼)는 물을 더놓거나 해면 볼로 사용됩니다. 대야의 경우는 대형 볼을 사용하셔도 돈니다.

Q10. 팩 시 거즈와 아이패드는 어떻게 사용되고 준비하여야 합니까?
A10. 거즈는 팩 시 얼굴 전체에 깔고 그 위에 팩을 도포하는 용도로 사용되는 것이 아니고, 팩이나 딥크린징 시 입술을 덮는 용으로 사용되는 거즈를 의미합니다. 아이패드도 역시 팩이나 딥크린징 시 눈을 덮는 용도로 사용되며, 상품화된 아이패드를 사용하시던지, 아니면 일반적으로 화장솜을 덮어서 사용하셔도 됩니다.

(단, 하반기부터 실시되는 마스크 시에는 얼굴전체에 깔고 그 위에 마스크를 도포하는 용도로 사용됩니다.)

Q11. 제모시의 부직포는 무엇이며 제시된 규격대로만 준비허야 합니까?
A11. 부직포는 제모시에 사용되는 머슬린 천으로 사용되는 용도의 종이(혹은 천)을 의미하며 일반적으로 롤로 말려서 상품화되어 판매되고 있습니다. 규격에 맞

추어 준비해오시면 되고, 한 장만 사용하므로 정해진 크기의 부직포를 가지고 제모작업을 할 수 있을 정도로 제모부위를 정하시면 됩니다.

Q12. 보관통의 재질은 반드시 금속이어야 하나요?
A12. 보관통의 재질은 금속, 플라스틱, 유리 모두 관계없이 준비하시면 됩니다.

Q13. 딥클렌징용 화장품 4가지를 모두 준비해야 하나요?
A13. 딥클렌징 시에는 지정된 타입을 사용하시는 것이므로 목록의 4가지를 모두 준비해 오셔야 하며, 각각을 피부타입 별로 따로 더 많이 준비하실 필요는 없습니다. 이 중 효소는 가루를 물에 개어서 크림상으로 만들어 사용하는 것을 준비하셔야 합니다. AHA의 경우는 액체형으로 준비하시며, 시중에 있는 제품 중에서 함량표시가 되어있는 것이 많지 않으므로 함유표시는 있되, 함량이 겉으로 표시 안 된 제품을 가져오시는 경우 함량을 확인하여 준비하시고 만약에 지정된 함량 이상의 것을 사용하였을 때 심한 트러블이 생기는 경우는 수험자에게 귀책이 돌아갈 수 있습니다.

Q.14. 팩은 어떤 피부타입을 준비하면 됩니까?
A.15. 팩은 기본적으로 중성(정상), 지성, 건성의 3가지 피부타입을 기본으로 준비하시면 되고, 필요에 따라 여드름 혹은 민감성 등 기타 타입을 1~2가지 정도 더 준비하셔도 무방합니다만 필수조건은 아닙니다. 그리고 팩은 기본적으로 크림 타입을 준비해 오시면 되며, 투명하거나 팩의 도포 타입 및 도포 방향 등을 구별할 수 없는 것은 제외됩니다.

Q15. 탈컴파우더는 베이비파우더를 준비해 와도 됩니까?
A15. 탈컴파우더를 사용하는 목적과 실제 효과가 베이비파우더와 유사하므로 베이비파우더로 대체하셔도 됩니다만 탈컴파우더를 권장합니다(이와 관련해서 감점 등은 없습니다.).

Q.16. 진정로션 혹은 젤 용으로 알로에 젤을 사용해도 됩니까?
A.16. 일반적으로 알로에의 함유량이 높은 알로에 젤이 진정용으로 많이 사용되고 있으므로 가능합니다.

Q.17. 아이크림과 립크림은 같이 사용하는 경우가 많은데 같이 사용해도 되나요?
A.17. 아이크림과 립크림은 각각 따로 준비하셔도 되고 같이 사용하셔도 됩니다.

Q.18. 메이크업 리무버와 클렌징 제품이 혼동됩니다. 설명해 주세요
A.18. 메이크업 리무버는 포인트 메이크업 리무버와 페이셜 클린저를 의미하며, 클

렌징 제품은 바디 클렌징 제품으로 현재 시험에서는 알콜을 함유하고 있는 화장수 등으로 가볍게 닦아내는 클렌징을 하도록 되어 있으므로 다에 필요한 화장품을 중비하면 됩니다(추후 스크럽 및 클렌저를 사용하는 클렌징을 요구하는 문제가 공개되는 경우에는 거기에 맞는 제품을 준비하면 됩니다.).

Q.19. 팔, 다리 관리용 화장품은 어떤 타입이 사용됩니까?

A.19. 팔, 다리 관리용 화장품은 오일타입 및 크림타입 둘 다 사용이 가능합니다.

Q.20. 화장품은 어떤 형태로 가져와야 합니까?

A.20.화장품은 판매되는 제품으로 가져오시면 되고, 사용하시던 것도 무방합니다만 덜어오시는 것은 안됩니다. 그리고 외부 등에 관련된 화장품의 타입이나 용도 등이 프린트 혹은 스티커(제품회사에서 붙인, 단 인쇄된 것이어야 하며, 조잡하게 프린트 되어 개인이 만들 수 있는 것과 구분이 되지 않는 것은 붙이지 말 것)등으로 적혀져 있으면 됩니다. 모든 피부용의 경우 "all skin type 혹은 모든 피부용"이라고 적혀 있지 않아도 범용 혹은 모든 피부에 사용할 수 있다는 등의 내용이 설명서 혹은 제품에 안내되어 있으면 사용 가능합니다. 그리고 딥클렌징제의 경우는 4가지 타입으로 목록상의 제품 성상에 맞는 제품이면 사용이 가능합니다.

그리고 화장품은 브랜드를 차별하지 않으며, 같은 회사의 라인으로 통일시킬 필요도, 제품용량의 일정이상이 들어있을 필요도 없습니다.

Q.21. 기타 자신이 가지고 오고 싶은 도구를 가져오는 것은 가능한가요?

A.21. 목록상의 재료의 수량을 더 가져오시는 것은 가능합니다. 그러나 개인 왁스 및 왁스 워머는 따로 전원이 준비되지 못하므로 불가능하고 베게 등은 타올로 대체 가능하므로 불필요하며, 면시트 등은 검정장의 시설에 따라 적용사항이 다를 수 있으니 불필요합니다. 기타 화장품 등은 더 가져오셔도 됩니다.

Q.22. 2013년 목록에서 추가된 것은 어떠한 제품인가요?

A.22. 2012년 하반기(7월2일)부터 1과제에 마스크 및 마무리가 추가됨에 따라 마스크 작업에 필요한 지참 준비물이 추가되었으며,(고무볼, 석고마스크, 고무모델링마스크, 베이스크림)2013년에도 동일하게 적용됩니다. q-net의 수험자지참재료목록을 통해 하반기부터 적용되는 새로운 "공개문제"에 따른 수험자지참재료목록의 추가사항을 확인하시면 되겠습니다.

※ 재료는 문제의 변경이나 기타 다른 사유로 수량 및 품목 등이 변경될 수도 있으니 정기적인 확인을 부탁드립니다.

※ 미용사(피부) 국가기술자격 종목의 실기 공개문제는 한국산업인력공단 검정포탈

사이트 큐넷(www.q-net.or.kr)의 “고객만족→자료실→공개문제” 항목에서 확인하실 수 있습니다.

※ 기타 공지 되지 않은 사항 중 안내가 필요한 사항은 추후 FAQ를 통해 안내하거나, 원서 접수시 q-net의 수험자지참재료목록을 통해 공지하겠습니다.

※ 추후 공지되는 사항은 본 공단 홈페이지를 통해 확인하실 수 있습니다.

1. 정상피부 예시

관 리 계 획 차 트 (Care Plan Chart)	
비번호	시험일자 20 . . (부)
관리목적 및 기대효과	관리목적 : 꾸준한 관리를 통하여 수분공급, 피부자극을 받지 않도록 보호. 자외선 및 기타 유해한 환경으로부터 보호. 기대효과 : 피부 보습과 탄력, 건강한 피부상터 유지, 건성, 지성피부로 발전하지 않도록 유지, 이상적이 피부상태를 유지
클렌징	□ 오일 □ 크림 □ 밀크/로션 □ 젤
딥클렌징	□ 고마쥐(gommage) □효소(enzyme) □ AHA □ 스크럽
매뉴얼 테크닉 제품타입	□ 오일 □ 크림
손을 이용한 관리형태	□ 일반 □ 림프
팩	T 존 : □ 건성타입 팩 □ 정상타입 팩 □ 지성타입 팩 U 존 : □ 건성타입 팩 □ 정상타입 팩 □ 지성타입 팩 목부위 : □ 건성타입 팩 □ 정상타입 팩 □ 지성타입 팩
마스크	□ 석고 마스크 □ 고무 모델링 마스크
고객관리 계획	1주 : 클렌징로션 → 딥클렌징 (효소) → 매뉴얼테크닉 → 팩 (하이드라 팩) → 보습크림 2주 : 클렌징로션 → 딥클렌징 (스크럽) → 매뉴얼테크닉 → 팩 (해초팩) → 콜라겐 크림 3주 : 클렌징로션 → 딥클렌징 (효소) → 매뉴얼테크닉 → 팩 (모이스춰라이징 팩) → 보습크림 4주 : 클렌징로션 → 딥클렌징 (고마쥐) → 매뉴얼테크닉 → 팩 (고무팩) → 비타민 A함유 크림
자가관리 조언 (홈케어)	제품을 사용한 관리 : - 아침 : 클렌징 로션 → 수분토너 → 수분에센스 → 아이크림 → 보습크림 → 자외선차단제 - 저녁 : 클렌징 로션 → 수분토너 → (주 1회) 각질제거 → 보습에센스 → 아이크림 → 영양크림 기타 : 비누세안 자제할 것, 충분한 수분섭취, 적당한 운동

2. 건성피부 예시

<table>
<tr><td colspan="3">관 리 계 획 차 트 (Care Plan Chart)</td></tr>
<tr><td colspan="2">비번호</td><td>시험일자 20 . . . (부)</td></tr>
<tr><td rowspan="2">관리목적
및
기대효과</td><td colspan="2">불필요한 각질 제거, 혈액순환을 원활하게 유지, 피부조직에 충분한 영양공급, 충분한 유수분 공급</td></tr>
<tr><td colspan="2">유수분이 충분하며 피부가 매끄럽고 윤택한 상태, 혈색이 좋고, 피부 탄력이 증가, 유수분 밸런스 유지, 잔주름 예방, 노화방지</td></tr>
<tr><td colspan="2">클렌징</td><td>□ 오일 □ 크림 □ 밀크/로션 □ 젤</td></tr>
<tr><td colspan="2">딥클렌징</td><td>□ 고마쥐(gommage) □효소(enzyme) □ AHA □ 스크럽</td></tr>
<tr><td colspan="2">매뉴얼 테크닉 제품타입</td><td>□ 오일 □ 크림</td></tr>
<tr><td colspan="2">손을 이용한 관리형태</td><td>□ 일반 □ 림프</td></tr>
<tr><td colspan="2" rowspan="3">팩</td><td>T 존 : □ 건성타입 팩 □ 정상타입 팩 □ 지성타입 팩</td></tr>
<tr><td>U 존 : □ 건성타입 팩 □ 정상타입 팩 □ 지성타입 팩</td></tr>
<tr><td>목부위 : □ 건성타입 팩 □ 정상타입 팩 □ 지성타입 팩</td></tr>
<tr><td colspan="2">마스크</td><td>□ 석고 마스크 □ 고무 모델링 마스크</td></tr>
<tr><td rowspan="4">고객관리
계획</td><td colspan="2">1주 : 클렌징로션 → 딥클렌징 (효소) → 매뉴얼테크닉 → 팩 (모이스춰라이징 팩) → 히아루론산 함유 크림</td></tr>
<tr><td colspan="2">2주 : 클렌징로션 → 딥클렌징 (스크럽) → 매뉴얼테크닉 → 팩 (모델링 마스크) → 콜라겐 크림</td></tr>
<tr><td colspan="2">3주 : 클렌징로션 → 딥클렌징 (효소) → 매뉴얼테크닉 → 팩 (콜라겐 벨벳 마스크) → 보습크림</td></tr>
<tr><td colspan="2">4주 : 클렌징로션 → 딥클렌징 (고마쥐) → 매뉴얼테크닉 → 팩 (비타민 A함유 크림팩) → 영양 크림</td></tr>
<tr><td rowspan="2">자가관리
조언
(홈케어)</td><td colspan="2">제품을 사용한 관리 :
- 아침 : 클렌징 로션 → 유연화장수 → 유수분에센스 → 아이크림 → 영양크림 → 자외선차단제
- 저녁 : 클렌징 로션 → 유연화장수 → 유수분에센스 → 아이크림 → 콜라겐 영양크림</td></tr>
<tr><td colspan="2">기타 : 충분한 수분섭취, 잦은 사우나 자제, 비타민 A 권유</td></tr>
</table>

3. 지성피부 예시

관 리 계 획 차 트 (Care Plan Chart)	
비번호	시험일자 20 . . .(부)
관리목적 및 기대효과	관리목적 : 각질 제거, 피지 조절, 여드름 유발 방지
	기대효과 : 피지분비 정상화, 안색개선, 피부 청정작용, pH밸런스 정상화, 과도한 피지분비 억제, 여드름 유발 예방
클렌징	☐ 오일 ☐ 크림 ☐ 밀크/로션 ☐ 젤
딥클렌징	☐ 고마쥐(gommage) ☐효소(enzyme) ☐ AHA ☐ 스크럽
매뉴얼 테크닉 제품타입	☐ 오일 ☐ 크림
손을 이용한 관리형태	☐ 일반 ☐ 림프
팩	T 존 : ☐ 건성타입 팩 ☐ 정상타입 팩 ☐ 지성타입 팩
	U 존 : ☐ 건성타입 팩 ☐ 정상타입 팩 ☐ 지성타입 팩
	목부위 : ☐ 건성타입 팩 ☐ 정상타입 팩 ☐ 지성타입 팩
마스크	☐ 석고 마스크 ☐ 고무 모델링 마스크
고객관리 계획	1주 : 클렌징 젤 → 딥클렌징 (AHA) → 매뉴얼테크닉 → 팩 (모이스춰라징 팩) → 티트리 함유 크림
	2주 : 클렌징 로션 → 딥클렌징 (효소) → 매뉴얼테크닉 → 팩 (클레이 팩) → 보습 크림
	3주 : 클렌징 젤 → 딥클렌징 (고마쥐) → 매뉴얼테크닉 → 팩 (캄퍼 팩) → 수분 크림
	4주 : 클렌징 로션 → 딥클렌징 (효소) → 매뉴얼테크닉 → 팩 (클로로필 함유 고무팩) → 알란토인 함유 크림
자가관리 조언 (홈케어)	제품을 사용한 관리 : - 아침 : 폼 클렌징 → 아스트린젠트 → 피지조절에센스 → 아이크림 → 수분크림 → 자외선차단제 - 저녁 : 퓨리티 클렌징 젤 → 수렴화장수 → (주 1회) 각질제거 → 피지조절에센스 → 아이크림 → 티트리 함유 크림 및 브습크림
	기타 : 자극적인 음식 피함, oil free 자외선 차단제 사용.

4. 복합성 예시 (T-zone : 지성, U-zone : 건성, 목 : 건성)

관 리 계 획 차 트 (Care Plan Chart)	
비번호	시험일자 20 . . . (부)
관리목적 및 기대효과	관리목적 : T-zone : 각질 제거, 피지 조절, 여드름 유발 방지 U-zone과 목부위 : 불필요한 각질 제거, 혈액순환을 원활하게 유지, 피부조직에 충분한 영양공급, 충분한 유수분 공급 기대효과 : T-zone : 피지분비 정상화, 안색개선, 피부 청정작용, pH밸런스 정상화, 과도한 피지분비 억제, 여드름 유발 예방 U-zone과 목부위 : 유수분이 충분하며 피부가 매끄럽고 윤택한 상태, 혈색이 좋고, 피부 탄력이 증가, 유수분 밸런스 유지, 잔주름 예방, 노화방지
클렌징	□ 오일 □ 크림 □ 밀크/로션 □ 젤
딥클렌징	□ 고마쥐(gommage) □효소(enzyme) □ AHA □ 스크럽
매뉴얼 테크닉 제품타입	□ 오일 □ 크림
손을 이용한 관리형태	□ 일반 □ 림프
팩	T 존 : □ 건성타입 팩 □ 정상타입 팩 □ 지성타입 팩 U 존 : □ 건성타입 팩 □ 정상타입 팩 □ 지성타입 팩 목부위 : □ 건성타입 팩 □ 정상타입 팩 □ 지성타입 팩
마스크	□ 석고 마스크 □ 고무 모델링 마스크
고객관리 계획	1주 : 클렌징 로션 → 딥클렌징 (효소) → 매뉴얼테크닉 → 팩 (T-zone : 머드팩, U-zone과 목 :하이드레이팅 팩) → 보습 크림 2주 : 클렌징 로션 → 딥클렌징 (고마쥐) → 매뉴얼테크닉 → 팩 (T-zone : 클레이 팩, U-zone과 목 :보습팩) → 수분 크림 3주 : 클렌징 로션 → 딥클렌징 (효소) → 매뉴얼테크닉 → (T-zone : 캄퍼 팩, U-zone과 목 :콜라겐 크림함유 크림 팩) → 보습 크림 4주 : 클렌징 로션 → 딥클렌징 (스크럽) → 매뉴얼테크닉 → (T-zone : 캄퍼 팩, U-zone과 목 : 비타민 A함유 팩) → 비타민 E 크림
자가관리 조언 (홈케어)	제품을 사용한 관리 : - 아침 : 폼 클렌징 → 유연화장수 → 보습에센스 → 아이크림 → 수분크림 → 자외선차단제 - 저녁 : 클렌징 로션 → 토너 (T-zone : 수렴화장수, U-zone : 유연화장수) → (주 1회) 각질제거 및 팩 (T-zone : 수렴팩, U-zone : 영양팩) → 유수분에센스 → 아이크림 → 티트리 함유 크림 및 보습크림 기타 : 충분한 수분 섭취, 자극적인 음식 피함, oil free 자외선 차단제 사용.

찾아보기

INDEX

참고문헌

『피부관리실의 고객만족을 위한 성공가이드』, 권혜영, 성안당, 2012.
『New 피부과학』, 권혜영 外, 메디시언, 2012.
『메디 에스테티션을 위한 메디컬 스킨케어』, 허은영, 성안당, 2011.
『피부노화학』, 정진호, 하누리, 2010.
『늙지않는 피부 젊어지는 피부』, 정진호, 하누리, 2009.
『살롱에스테틱』, 강수경 外, 청구문화사, 2008.
『피부과학』, 대한피부과학회, 여문각, 2008.
『강원형 박사의 피부병 클리닉』, 강원형, 한미의학, 2008.
『대한피부미용교수협의회 워크샵』, 대한피부미용교수협의회, 2008.
『성공하는 Beauty shop 창업하기』, 김지연 外, 크라은출판사, 2008.
『에스프로』, 대한피부미용 전문가 협회, 2005. 01.
『에스프로』, 대한피부미용 전문가 협회, 2005. 02.
『에스테틱 월드 No. 45』, 아름다운 우리, 2005.
『월간 뷰티정보 bi No. 60』, 디자인 피플, 2005.
『대한미용웰빙학회 2차 심포지움』, 2005.
『진짜 내고객 만드는 피부상담가이드』, 아름다운 우리, 2005.
『2004대한노화방지연합회지』
『코스메틱 피부과학 원리 및 임상』, Leslie Baumann, 정담미디어, 2004.
『살롱 트리트먼트』 강신옥 外, 훈민사, 2004.
『뷰티산업과 살롱경영』, 윤천성 外, 훈민사, 2004.
『활성산소와 항산화제』 손장락, (주)바이오메디컬, 2004.
『메디칼 스킨 케어』, 이승헌 外, 여문각, 2004.
『ASIA MEDICAL AESTHETICS FORUM - 항노화와 올바른 보충요법』, 장진, 2004.
『피부질환의 일차 진료 1』, 대한일차진료학회 피부질환 연구회, 미래출판사, 2004.
『리메디얼 마사지 테크닉』, 한국전통 swedish 미용협회, 예름, 2004.
『월간 뷰티정보 bi No. 59』, 디자인 피플, 2004.
『2003대한노화방지연합회 창립 학술대회』
『노화방지의학』, 구병삼 外, 칼빈서적, 2003.
『영양치료가이드』, 박용우 外, 한미의학, 2003.
『살롱 트리트먼트』, 김희진 外, 청구문화사, 2003.
『메디칼 스킨케어 & SPA Ⅰ』, 임송, 2003.
『메디칼 스킨케어 Ⅰ』, 김영미, 임송, 2003.
『메디칼 스킨케어Ⅱ』, 임송, 2003.
『피부과학』, 김희진 外, 성화, 2003.
『기초 해부생리학』, 강경희 외, 정담, 2002.
『피부과학』, 조기여, 성화, 2001.
『피부과학』, 고재숙, 수문사, 2000.
『여드름의 치료방법과 피부재생관리』, 고려의학, 2000.
『피부면역학』, 은희철, 서울대학교 출판부, 1999.
『기초 피부관리학』, 김해남 편저, 정담, 1999.
『신화장품학』, 권경옥, 동화기술, 1997.
『에스테틱 실기』, 김봉인, 1996.
『활성산소와 영양』, 1995.
『DERMATOLOGY』, AUDRA J.GERAS, Malcom W. Greaves, Sandoz, 1990.
『피부건강상태평가 지표의 관련 요인과 12주 피부관리 프로그램 효과』, 김희진, 박사학위논문, 2005

인터넷 사이트
- http://www.daum.net/
- http://www.naver.com/
- http://www.empas.com/

자료참고
- 여드름(나노팜)
- 닥터 그랜달
- 더마 솔루션
- 제라드 코리아

현장실무 피부미용

2014년 3월 15일 초판인쇄
2014년 3월 25일 초판발행

지은이 : 김희진 · 정은주 · 이성옥 · 윤임실
펴낸이 : 이상태
펴낸곳 : 청구문화사
(120-831) 서울특별시 서대문구 성산로 11길 15
전 화 : 02-332-0541(代) FAX : 02-337-9577
등 록 : 1990년 11월 2일 제9-247호

가격 25,000원

ISBN 978-89-5616-608-7 93590